確率・統計から始める
エンジニアのための信頼性工学

身近な故障から宇宙開発まで

山本　久志
【編著】

秋葉　知昭・竹ヶ原春貴
深津　　敦・古井　光明
【共著】

コ ロ ナ 社

【執筆者一覧】

山本　久志　（東京都立大学）1，5章

秋葉　知昭　（千葉工業大学）2，3章

竹ヶ原春貴　（東京都立大学）4章

深津　　敦　（宇宙航空研究開発機構）7，8章

古井　光明　（東京工科大学）6章

（所属は2021年5月現在）

まえがき

本書は，大学の工学系統の学部の信頼性工学の授業のテキストとして用いられることを想定し作成しました。信頼性工学は信頼性の向上を目指す工学です。信頼性向上の取組みは対象の製品やシステムにより千差万別であり，信頼性工学の技術を有効に活用するためには，対象となる製品やシステムなどについての固有の技術や知識に精通することが重要です。また，信頼性工学は実学ですので，理論から実務まで幅広く学ぶことが大事です。

本書の執筆者は，長年，経営工学系の学科，電子情報システム工学科，機械工学科，航空宇宙工学科，化学工学科など複数の学科にて信頼性工学の授業を行ってきた教員や企業において信頼性向上の実務を経験してきた技術者であり，信頼性工学の理論から実務までを対象としたテキストを執筆するのに適した陣容と考えます。

信頼性工学の手法をうまく使用するためには，①その手法の背景にある考え（理論）を知り，②どのようにして実際の現場に使用されているかを知ることが重要です。そのことを踏まえ，本書は大きく理論編（2，3，4，5 章）と実務編（6，7，8 章）に分けています。

2 章は，理論編の基礎的な事項について紹介していますが，すでに確率の基本的なことを理解している読者にとっては，必要に応じて読み返してもよい内容となっています。3 章は，故障データの解析を行うために有用な統計手法について，理論を交え実務での使い方を重点に紹介しています。4 章は，システムの信頼度とシステムを構成する要素の信頼度の関係を明らかにし，高信頼性システムの設計方法について紹介しています。5 章では，修理を伴うシステムの評価方法について述べています。

6 章以降は実務編として構成しています。6 章では，信頼性設計と評価のために有用な FMEA（故障モード・影響解析）などの手法について紹介しています。7 章は，信頼性工学と深い関係にある安全工学の概要，そして，8 章では，本書で述べた手法の適用事例として日本の宇宙開発における安全，信頼性設計の取組みを紹介しています。

本書の構成は，理論から実務まで広い内容を網羅するという少し欲張りな内容となっています。本書で信頼性や安全性に興味を持っていただいた読者は一歩進んでほかの専門書に進んでいただければと思います。また，製品やシステムの信頼性の向上のためには対象となる製品やシステム固有の技術や知識を持ったうえで，本書で紹介した信頼性工学の技術や知識がより有用となります。ぜひとも工学系統の多くの分野の学生に読んでいただき，高信頼度の製品やシステムの開発の一助になることを期待します。また，本書が信頼性工学への入門書として読者の一助となれば幸いです。

最後に，著者の遅筆にもかかわらず最後までお付き合いいただいたコロナ社の皆さん，また忙しい研究時間を割いて，本書の原稿，おもに 2 章，4 章と 5 章の設問を確認していただいた，東京都立大学 博士研究員 周《しゅう》蕾《らい》氏に感謝します。

2021 年 5 月

著者一同

目　　　次

1．信頼性と信頼性工学

2．信頼性工学の基礎数理

3. 信頼性データの統計的解析

4. システム信頼性

5. 保全性とアベイラビリティ

6. 信頼性設計と評価

7. 安　全　工　学

8. 宇宙における安全・信頼性確保の取組み

1

信頼性と信頼性工学

本章では，信頼性工学を学ぶことの重要性を述べたあと，広い意味での信頼性に言及し，信頼性と関連深い品質の関係について解説する。

1.1 節では，信頼性工学を学ぶことの重要性について議論し，1.2 節では信頼性を明確に定義・議論し，信頼性を構成する三つの要素について述べる。また，信頼性と品質は切っても切れない関係であり，1.3 節では信頼性と品質管理の関係について，それらの発展の歴史とともに述べる。1.4 節では，信頼性と固有分野の技術と題し，信頼性を向上させるためには信頼性工学だけではなく対象となるシステムや製品の背景にある固有技術が重要であることを述べる。そして，1.5 節では本書の各章の概要と関連性を述べる。

1.1 信頼性工学を学ぶことの重要性

現代では，科学技術の成果は社会の隅々にまで浸透しており，新たな製品や技術の開発を通じて，社会にさまざまな便益をもたらすとともに，新産業の創出や市場の拡大にもつながり，われわれは過去に見られない豊かな生活を享受している。全国を網羅する高速道路，新幹線や空路により，われわれは前時代から見ると“瞬時の移動”も可能となっている。インターネットを通じ **IoT** (Internet of Things) 技術を使い，また 2000 年代後半に登場したスマートフォンやタブレット端末の普及とともに，従来よりはるかに身近にシステムの利便性を享受している。その反面，科学技術の高度化によりわれわれの社会や生活を支えるシステムは複雑化大規模化しており，それらシステムが突発的な故障や不具合によりシステムの機能や安全性が損なわれた場合，社会におけるわれわれの生活に多大な影響を及ぼすことになる。

科学技術は，われわれに多くの成果をもたらしたと同時に，解決すべき課題，いわば“影”とも言える側面をもたらしたことも否定できない[1),†]。2011年3月11日に発生した東北地方太平洋沖地震およびこれに伴う福島第一原子力発電所事故により，われわれの生活に多大な影響が出たことは記憶に新しい。また，新型コロナウイルス感染症（COVID-19）は，2019年12月に中華人民共和国湖北省武漢市での発生が報告され，わずか数か月ほどの間にパンデミックと言われる世界的な流行となった。わずかな間に世界中に拡大した今回の新型コロナウイルス感染症の流行は，人々の活動が，国境を越え，グローバルにつながっているという現実を明らかにするとともに，この流行の克服のために，早急な診断法や治療法，ワクチンの開発などが求められ，今後は，新しい日常をサポートする信頼性の高いシステムが要求される[1)]。

インターネットでシステム障害を検索すると銀行・証券会社関係システム，交通関係システムなど，毎日のように多くのニュースが検索される。

同時に，われわれを取り巻く“システム”の**信頼性**（reliability）の向上，維持を考えることの重要性がますます高まってきている。

このような背景のもと，**信頼性工学**（reliability engineering）は，各種製品とシステムの**品質**（quality）と信頼性を向上し保証するとともに，種々の信頼性・安全性上の問題を再発防止・未然防止するという目的としている。信頼性工学を学び，その成果を社会全体の向上に役立てるように努めなければならない。

1.2 信頼性とその三つの要素

信頼性という用語は，われわれは日常生活において自然に使用している。その状況で使用される信頼性はかなり広範囲な意味で漠然としている。信頼性を意味するものとして，第一に，**耐久性**（durability）を思い浮かべる人も多い

† 肩付き数字は，巻末の引用・参考文献を示す。

だろう。JIS† Z 8115:2019 によると，信頼性は“アイテムが与えられた条件の下で，与えられた期間，故障せずに，要求どおりに遂行できる能力”と定められている。ここで，アイテムとは対象とするシステムやそれを構成する部品，コンポーネント，サブシステムを指す。システムの機能がどんなに素晴らしくても，長持ちしなければ信頼性が良いとは言えない。すなわち，耐久性が重要である。しかし，長持ち（耐久性）というのは，永遠ではなく，JIS に記載されているように要求された時間内ということであり，要求時間外には故障していてもよいことを意味する。

機器やシステムを使用している場合，故障や不具合などの発生があるかどうかを常時監視し，故障などが発生したならすぐに使用・運用できるように修理可能ならば，機器やシステムの運用に障害はないと考えられる。このように機器やシステムを監視し，必要によっては修理・交換を実施する一連の活動を保全と呼ぶ。信頼性の第二の要素として，保全のしやすさを表す**保全性**（maintainability）がある。JIS において，保全性は“与えられた運用及び保全条件の下で，アイ

コラム 1：総合信頼性

信頼性というものを考えるときに，まず思い浮かべるのは，対象の製品やシステムの故障が少ないとか長く使えること（これを狭義の信頼性と呼ぶことがある）と思う。信頼性の発達の初期には，信頼性は，狭義の信頼性を指すことが多かった。しかし，われわれにとっては，対象の製品やシステムが希望するときに使用できればよいので，対象が故障してもすぐに修理可能，また故障兆候を検知可能で未然に故障を防止可能であればよい。すなわち，広い意味での信頼性は保全 (詳細は 5 章) も含まれるようになった。最近では，**総合信頼性**（ディペンダビリティ）という言葉が一般的となってきている。総合信頼性は，“アイテムが，要求されたときに，その要求どおりに遂行するための能力”と定義（JIS Z 8115：2019）され，信頼性は，依然と比べて，かなり広いこととして定義されている。これには，信頼性の概念が一般的に広まったことが背景にあると思われる。

---

† 日本産業規格（Japanese Industrial Standards）旧名称は日本工業規格（令和元年 7 月 1 日に改称）

テムが要求機能を遂行できる状態に保持されるか，又は修復される能力”と定められている。

三つ目の信頼性の要素は，**設計信頼性**（design reliability）である。事故は，再発防止はもちろんのこと未然に防止することが重要である。そのために，一部の故障がシステム全体の重大事故に波及しないフェールセーフや，人間の過失があっても，これがシステムの信頼性や安全性には波及しないフールプルーフなどの考え方に基づき，システムの設計段階で，システムの機能の維持や達成を目指すことが重要である。

以上，信頼性を広い意味で捉えると，耐久性，保全性，設計信頼性の三つの要素があるということになる[2)]。

信頼性に関連深い用語に安全性がある。信頼性と安全性という用語は多くの文献で見られる。安全も日常用語として使用される。信頼性は，前述したように，システムの機能・喪失を基準にして対象となる“もの”に向けて概念を定めている。対照的に，安全性は，人間側の視点より“もの”を囲む状態・状況によって判断される。

1.3 信頼性と品質管理[3)]

信頼性を論じる場合，品質とは切り離して議論はできない。いかに優れた技術を駆使して高品質の製品を設計しても，製造工程において，部品の加工精度が悪かったり，組立て工程においてミスが頻発しては，その製品の信頼性を保証することはできない。

品質管理（**QC**：quality control）は，**統計的品質管理**（**SQC**：statistical quality control）から**総合的品質管理**（**TQC**：total quality control），そしてTQCで唱えられてきた組織全体として統一された品質管理目標を経営戦略に適用した**総合的品質マネジメント**（**TQM**：total quality management）[†]と発展してきた。

† 総合的品質経営と呼ばれることもある。またTQCの和訳と同じ総合的品質管理と呼ぶこともある。

信頼性研究は，1940年代において米国においてレーダーシステム故障の多発問題を解決することから始まったと言われている。一方，統計的手法を活用して安定した工程を維持してばらつきの小さい良い品質を作り出すことを目指したSQCがシューハートにより提唱されたのが1920年代の中ごろであった。当初，米国では信頼性は**技術**（engineering）の問題で，品質管理は**製造**（manufacturing）の問題と言われ，それぞれ独立な問題として考えられてきたが，日本では信頼性は，1960年代の後半にTQCの一環を形成する品質保証の進展において，事故・故障防止のための科学的管理技術として重要な役割を担うようになる[2)]。

われわれの日常生活において信頼性に関心が持たれるようになったのは1970年代以降と言われている。

信頼性の発達について，遥籃期（1940年代，1950年代），基礎確立期（1960年代），発達期（1970年代とそれ以降）に分けて述べる[3)]。

第二次世界大戦中に，当時のドイツではロケットV2号を開発していたが，このときすでに現在の信頼性の考え方が一部で導入されていた[3)]。一方，同時期に，米国ではレーダーシステムに故障が多く発生していることから，高信頼性真空管などの研究が始まったと言われる。

本格的に信頼性の研究が始まったのは，米国において産業界，学界，政府の各界の専門家による信頼性研究グループ**AGREE**（Advisory Group on Reliability of Electronic Equipments）が1952年に発足してからであり，1957年にAGREE報告が発表された。この中には，信頼性の考え方や信頼性向上の方策が記述され，この報告が以降の信頼性研究の発端となったと言われている。そのあとに，米国は，ミサイルや宇宙開発の時代に入り，米ソの宇宙開発競争が信頼性の研究に一層の拍車をかけることとなった[4)]。

日本においてもAGREE報告が1958年に品質管理資料として配布されて広く読まれるようになり，システム故障を少なくするために，故障を未然に防止することを目標として信頼性研究が始められた。

1960年代に入ると，理論面での研究が進み，信頼性管理の体系が確立された。**FMEA**（failure mode and effect analysis）や **FTA**（fault tree analysis）（6章）という品質の失敗を源流で押さえ込む手法は1960年代前後から利用されていたが，1960年代後半には本格的に実用化されている。寿命データを解析するために重要な指数分布やワイブル分布（3章）は，1950年代後半に研究が進められた。特に指数分布は，信頼性試験のデータ解析などに広く活用された。また1960年代に入ってからワイブル確率紙（3章）が普及するようになり，品質管理のテキストなどに多く取り上げられるようになった[3)]。また，確率論を使用し，数理モデルを構築し，システムの信頼度や利用率を予測する研究（4，5章）が始められたのも，1960年代である。

1970年代に入ると，信頼性は品質保証の活動には欠くことのできないものとなり，品質管理のセミナーに信頼性手法（FMEA，FTAなど）の講義が行われるようになり，信頼性手法も一般に知られることとなった。

それ以後も，信頼性工学が対象とするシステムは，複雑化・大規模化し，またディジタル化している。さらにインターネットの発展とともに，従来のように閉じた（単独）システムは珍しくなっている。それに対応するように，信頼性工学で用いられる手法が発展してきている。例えば，IoT技術により膨大なデータが瞬時かつ継続的に入手可能となり，リアルタイムでの故障診断や予測技術，また膨大な事故事例の解析結果による事故の未然防止対策作成が挙げられる。

1.4　信頼性と固有分野の技術

信頼性の考え方と手法は，長年の間に体系づけられて，現在では管理技術によって構成される一つの工学，すなわち信頼性工学となった。この手法と体系を詳しく学び，役立てることは，多くの技術者にとって高い信頼性を確保するための重要な手段となる。

信頼性工学は，**管理技術**を中核とした工学である。したがって，機械工学，電気・電子工学，化学工学，情報工学，宇宙工学などの固有の工学に対して，横断的に関係する管理技術の工学である（**図 1.1**）。例えば，対象の製品やシステムを解析するために使用される FMEA や FTA（6 章）は，機械工学などの固有の技術を基盤にして，信頼性手法を活用しなければならない。いかに手法に詳しくても，当事者に固有の工学の知識が欠けていると，その成果は期待できない。

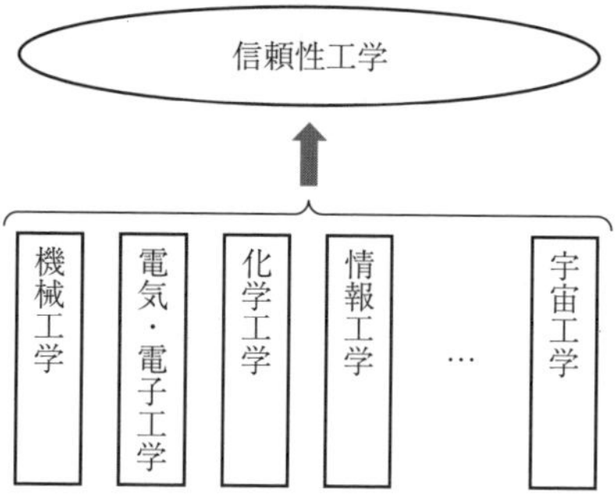

図 1.1　信頼性工学と固有工学[2]

1.5 本 書 の 構 成

信頼性の高いシステムを構築するための王道はない。1.3 節で述べたように，対象のシステムや装置の特性を，固有技術をもとにして，その特性を見極めて，2 章以降に示す信頼性手法を駆使し，目標に向かうしかない。信頼性手法をうまく使用するためには，①その手法の背景にある考え（理論）を知り，②実際にどのようにして実際の現場に使用されているかを知ることは重要である。

そのことを踏まえ，本書は大きく理論編（2，3，4，5 章）と実務編（6，7，8 章）に分けている（**図 1.2**）。

2 章は，理論編の基礎的な事項について紹介している。故障は，必ず，この時間で起こると断定できるものではなく，確率的に起こる。そのために，確率を使ってシステムの信頼性を記述することは有用である。簡単に確率について説明し，信頼性を考えるうえでの基本要素である信頼度，故障率や累積分布関

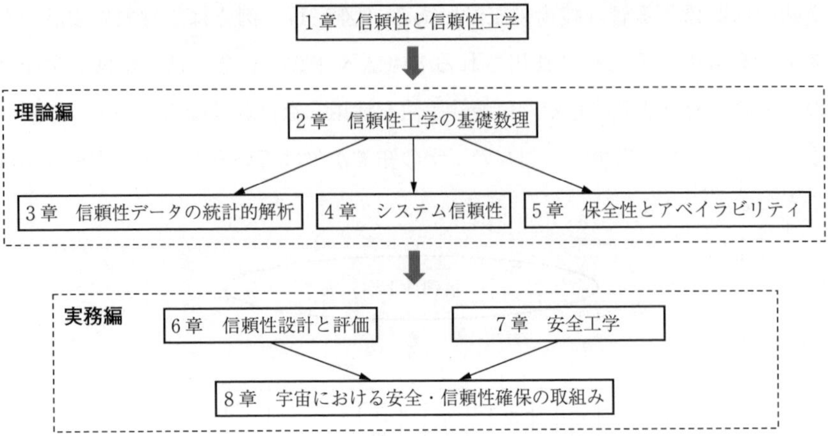

図1.2　本書の構成

数について紹介する。

3章では，故障データの解析を行うために有用な統計手法について説明する。過去の製品やシステムの故障データを今後の新製品開発やシステム開発に役立てることはPDCAサイクルを回すうえでも有用となる。故障時間が従う分布としてよく使用されている指数分布を仮定した統計的検定方法の紹介し，また統計のパラメータを簡単に推定することが可能なワイブル確率紙について理論面を重点に紹介する。

4章では，システム全体の信頼度と構成要素の信頼度の関係を明らかにし，信頼度を向上させる方法論について述べる。システムは数多くのサブシステムや部品，コンポーネント（構成要素）から成り立っている。システム全体の信頼度と構成要素の信頼度の関係を明らかにすることは，信頼性設計では重要なことである。コンポーネントの信頼度が低くてもシステムとして信頼度を高める方法について紹介する。

5章では，保全方法を紹介し，保全方法の数理的評価方法を紹介する。システムは永遠に稼働することは不可能である。部品には腐食など，劣化が生じ故障に至る。そのために，故障すれば修理，または，場合により新品に取り替えることによりシステムの稼働率を向上させることが必要となる。

6 章では，信頼性設計と評価のための手法について紹介する。近年は事故の再発防止はもちろんのこと，事故そのものが起きる前に“未然に防止”することが常識となっている。しかし，事故発生前に，それを予測することはかなり難しいことは容易にわかる。本章では，その事故発生を系統的に同定する手法である FMEA（故障モード・影響解析），FTA（故障の木解析），DR（デザインレビュー：設計審査）や，トラブルを未然に回避する設計信頼性の概念であるフェールセーフ，フールプルーフについて解説する。

7 章では，安全工学について解説する。たとえ，信頼性の高いシステムが構築されたとしても，システムを利用するわれわれの安全が損なわれることがあってはならない。信頼性を考えることと同様に，安全を考える重要性も高まっている。安全性が高いシステムは信頼性が高いことが前提となり，安全性と信頼性は切っても切れない密接な関係を持っている。

最後に，8 章では，本書で述べた手法などの適用例として，日本の宇宙開発における安全・信頼性設計の事例を紹介する。しかし，信頼性・安全性向上の取組みは各製品やシステムにより千差万別である。その中でも，現在の多くの分野の最先端を駆使してシステム設計を実施している，日本の宇宙開発における安全・信頼性設計の事例を知ることは有用であると考える。

章　末　問　題

【1.1】 読者の身近で発生したシステム障害を選び，われわれの生活にどのような不具合があったかを述べなさい。

【1.2】 興味がある工学分野を選び，その工学における（固有）技術の進歩により信頼性が向上した事例を述べなさい。

【1.3】 IoT 技術によりシステム（製品）の信頼性や保全性が向上した事例を調べなさい。

2

信頼性工学の基礎数理

本書で議論される信頼性工学の分野において，数学的な解析を行う際に確率と統計が用いられる。2 章では信頼性工学の基礎数理と題して，最初に 2.1 節で確率の基本，2.2 節でおもに信頼性工学で用いられる確率分布を説明する。これを踏まえて，つぎに 2.3 節で信頼性の評価指標である信頼度や故障率などの定義を紹介する。

2.1　確率の基礎

「確率」という言葉は“なにかが起きること”や“なにかの確からしさ”の度合いを表す一般的な会話にも用いられるが，言葉として使われる意味は，直感的・抽象的であいまいなところがある。しかし確率は公理として数学的に定義され，統計学や信頼性工学を含めたさまざまな分野で活用されている。そこで 2.1 節では，確率の数学的な定義と基礎となる性質を説明する。

2.1.1　事象と標本空間

ある実験を繰返し行うことを考える。繰り返すたびに起こりうる結果は異なる。起こりうる結果が複数あり，どの結果が起こるかが偶然に従う実験を**試行**（trials）と呼ぶ。また，起こりうる一つひとつの結果を**標本点**（elementary event）と呼ぶ。これらを踏まえて以下を定義する。

定義 2.1　ある実験において起こりうるすべての標本点の集合 S を，その実験の**標本空間**（sample space）と呼ぶ。

【例 2.1】 コインを投げて表か裏かを当てるコイン投げゲームを考える。もし，コインが1枚であるならば，その試行の標本点は表（H）と裏（T）の2通りであり，標本空間 $S=\{H, T\}$ となる。

つぎにコインを2枚投げた場合を考えると，以下のように分けて考えられる。

（1） 2枚のコインを1枚ずつ2回投げた実験の場合

標本空間 $S=\{(H, H), (H, T), (T, H), (T, T)\}$ であり，標本点が4通りある。

（2）2枚のコインを同時に投げた実験の場合

このゲームでは（1）のように1枚目と2枚目の結果を見分けることができないため (H, T) と (T, H) の違いがわからない。よって，標本空間 $S=\{(H, H), (H, T), (T, T)\}$ であり，標本点が3通りとなる。

このように標本点と標本空間は実験（ゲーム）がどのようなルールで行われるかにより異なる。例えば例 2.1 のコイン投げゲームにおいて，（1）と（2）のようにコインを見分けられるか否かの違いで標本空間は異なることに注意が必要である。また，製品の寿命などのように，結果が計量値（連続量）で「0時間以上だが T 時間を超えることはない（T 時間未満）」のように表される場合には，標本空間は非負の実数 $S=[0, T]$ と定義域で表現される[†1]。

つぎにコインを1枚投げた場合において，「投げたコインが表であった」場合のみを考える。これは標本空間 $S=\{H, T\}$ のうち表 (H) のみの部分集合が現れる場合を考えることに等しい。そこで以下を定義する。

定義 2.2 ある実験の標本点による（標本空間 S の）部分集合 E を**事象** E（event）と呼ぶ[†2]。

†1 定義域 $x=[a, b]$ は閉区間 $\{x|a \leqq x \leqq b\}$，$x=(a, b)$ は開区間 $\{x|a<x<b\}$ を意味する。

†2 一つの標本点のみの（これ以上細分化ができない）事象を根元事象，または，基本事象と呼ぶ。また事象には，すべての標本点を包含する標本空間 S の事象や，標本点を一つも含まない事象も考えられる。

例えば，事象 E が「投げたコインが表であった事象」であるならば，$E=\{\mathrm{H}\}$，反対に「投げたコインが裏であった事象」であるならば，$E=\{T\}$ と表される。

つぎに例 2.1（1）で示した 2 枚のコインを 1 枚ずつ投げた場合のコイン投げゲームにおいて，以下の二つの事象 A と B を考える。

事象 A：結果の 1 枚目が表 (H) である事象。すなわち $A=\{(\mathrm{H, H}), (\mathrm{H, T})\}$

事象 B：結果の 2 枚目が表 (H) である事象。すなわち $B=\{(\mathrm{H, H}), (\mathrm{T, H})\}$

このとき，「事象 A または事象 B のいずれかが起きる事象」を**和事象**（union）と呼び

$$A\cup B=\{(\mathrm{H, H}), (\mathrm{H, T}), (\mathrm{T, H})\}$$

と表される。「事象 A と事象 B の両方が同時に起きる事象」は**積事象**（intersection）と呼ばれ

$$A\cap B=\{(\mathrm{H, H})\}$$

と表される。積事象 $A\cap B$ を AB と記述することもある。これらの関係は**図 2.1**(a) に示すベン図†で表される。図 (b) に，例 2.1（1）で各事象に含まれる標本点を示す。

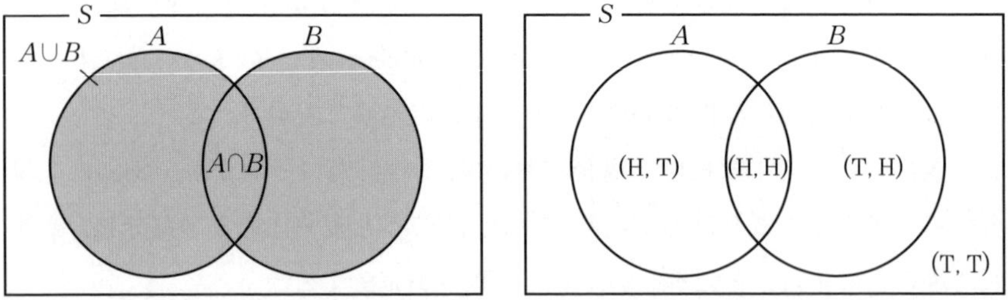

（a）　事象 A と事象 B　　　（b）　例 2.1（1）の標本点

図 2.1　ベン図

標本点を持たない事象は空事象 ϕ と呼ばれ，二つの事象 A と B が共通の標本点を持たない，すなわち積事象 $AB=\phi$ である場合，事象 A と B は**互いに排反**（mutually exclusive）と呼ばれる。互いに排反な事象ならば，事象 A ま

† ベン図とは複数の集合の関係を視覚化した図である。事象どうしの関係は集合と同様にベン図で視覚化できる。

たは B のいずれか一方が起これば他方の事象は決して起こらない。

また，ある事象 E に対して，事象 E に含まれない標本点による部分集合を**余事象**（complement event）と呼び，記号 $\bar{E}$（または E^C）の記号を用いて表される。

2.1.2 確率の公理

2.1.1 項で定義した標本空間 S における事象 E について，確率の公理がつぎのように表される。

確率の公理 事象 E に対して，関数 $P(E)$ は，以下に示す三つの関係を満たす。

1. $0 \leqq P(E) \leqq 1$
2. $P(S)=1$
3. 無限個の事象 $E_i (i=1, 2, \cdots)$ において，$i, j (i \neq j)$ に対して積事象 $E_iE_j=\phi$（すなわち，すべての事象 E_i が互いに排反）ならば，次式が成立する。

$$P(E_1 \cup E_2 \cup \cdots)=P\left(\bigcup_{i=1}^{\infty} E_i\right)=\sum_{i=1}^{\infty} P(E_i)=P(E_1)+P(E_2)+\cdots$$

確率の公理にある関数 P は標本空間 S のうえで定義された実数値をとる集合関数である[†1]。この関数 P(E) を事象 E の**確率**（probability）と呼ぶ。

ある実験を n 回試行して事象 E の結果が現れた（生起した）回数を X 回とするとき，X/n で表される生起回数の比率は相対頻度と呼ばれる。事象 E の確率 $P(E)$ は，ある試行を同じ条件のもとで無限回試行した際の相対頻度の極限値と言える。$0 \leqq X \leqq n$ が自明であることから，確率は $[0, 1]$ の実数値となる[†2]。

2.1.3 加法定理

2.1.1 項で示した二つの事象 $A=\{(\mathrm{H}, \mathrm{H}), (\mathrm{H}, \mathrm{T})\}$ と $B=\{(\mathrm{H}, \mathrm{H}), (\mathrm{T}, \mathrm{H})\}$ に対

†1 確率の公理を満たす集合関数 P は**確率測度**とも呼ばれる。

†2 JIS Z 8101：1999 の確率の定義“ある試行を同じ条件の下で長く続けたとき，一定の結果が生起する相対頻度の極限値。より一般的にはランダムな事象に割り当てられている [0, 1] の範囲の実数値”と定義されている。

して，和事象 $A \cup B = \{(\mathrm{H, H}), (\mathrm{H, T}), (\mathrm{T, H})\}$ が生起する確率 $P(A \cup B)$ を考える。このとき，次式が成立する。

$$P(A \cup B) = P(A) + P(B) - P(AB)$$

つまり，事象 A と事象 B のそれぞれの確率の和を考えた際に，図 2.1 (b) のように二つの事象の共通部分，すなわち積事象 $AB = \{(\mathrm{H, H})\}$ が事象 A と B の両方に含まれることから，積事象 AB の生起確率を差し引く必要がある。この事象 A と事象 B の関係を事象 $E_i (i = 1, 2, \cdots, n)$ に拡張すると，以下の**加法定理**が成立する。

加法定理　すべての事象 $E_i (i = 1, 2, \cdots, n)$ に対して，和事象の生起確率は次式で求められる。

$$P\left(\bigcup_{i=1}^{n} E_i\right) = \sum_{i=1}^{n} P(E_i) - \sum_{i=1}^{n} \sum_{j=i+1}^{n} P(E_i E_j) + \sum_{i=1}^{n} \sum_{j=i+1}^{n} \sum_{k=j+1}^{n} P(E_i E_j E_k) \cdots + (-1)^{n-1} P(E_i E_j \cdots E_n) \qquad (2.1)$$

ここですべての $i, j (i \neq j)$ に対して積事象 $E_i E_j$ が空事象 ϕ ならば，すべての事象 E_i が互いに排反であり，空事象 ϕ の確率が $P(\phi) = 0$ であることから

$$P\left(\bigcup_{i=1}^{n} E_i\right) = \sum_{i=1}^{n} P(E_i)$$

と，確率の公理の 3 が成立することに注意してほしい。

2.1.4　条件付き確率と乗法定理

例 2.1 (1) で示した 2 枚のコイン投げゲームの試行において，2 枚とも表 (H) が出る確率，すなわち，事象 $B = \{(\mathrm{H, H})\}$ が生起する確率 $P(B)$ を考える。いずれのコインとも表裏が等しく表れるならば，確率 $P(B)$ は標本空間 S の 4 通りの要素 (H, H), (H, T), (T, H), (T, T) のうちの一つの結果が表れる比率であり $P(B) = 1/4$ と求められる。ところが，同じ試行において“1 枚目のコインが表である条件がすでに生起している”場合（この条件を 2.1.1 項と同様に事象 $A = \{(\mathrm{H, H}),\ (\mathrm{H, T})\}$ とする），同じく 2 枚とも表面が出る事象 $B = \{(\mathrm{H, H})\}$ が生起する確率 $P(B)$ は，事象 A に含まれる 2 通りの結果 $\{(\mathrm{H, H}), (\mathrm{H, T})\}$ のうち

の一つの結果が表れる比率となり，$P\{B\}=1/2$ と求められる。このように事象 A が生起した条件のもとで事象 B が生起する確率を**条件付き確率**（conditional probability）と呼び，$P(B|A)$ の記号で表す。上述の条件付き確率は以下の式で定義される。

条件付き確率

$$P(B|A)=\frac{P(AB)}{P(A)} \quad \text{ただし}\ P(A)>0$$

でなければならない。　(2.2)

つぎに二つの事象 A, B に対して以下の関係が成立する場合，事象 A と事象 B は互いに**独立**（independent）であると言う。

独立　$P(AB)=P(A)P(B)$ が成立するならば，事象 A と事象 B は独立である。事象 $E_i(i=1, 2, \cdots, n)$ において任意の i による $k(<n)$ 個の部分集合 $\{i_1, i_2, \cdots, i_k\}$ について

$$P(E_{i_1}\cap E_{i_2}\cap\cdots\cap E_{i_k})=P\left(\bigcap_{j=i_1}^{i_k}E_j\right)$$

$$=\prod_{j=i_1}^{i_k}P(E_j)=P(E_{i_1})P(E_{i_2})\cdots P(E_{i_k}) \qquad (2.3)$$

が成立するならば，すべての事象 E_i が互いに独立である[†1]。

例えば例 2.1（1）のコイン投げゲームでは，普通は1回目に投げたコインの結果が2回目の結果に影響することがない。このとき，1回目に投げたコインの結果（事象 E_1）が表，かつ2回目の結果（事象 E_2）が裏である確率 $P(E_1E_2)$ は 1/4 と求められる。ここで表が表れる確率 $P(E_1)$ は 1/2，同様に裏が表れる確率 $P(E_2)$ も 1/2 であり，積事象 E_1E_2 の生起確率がそれぞれの事象の生起確率の単純な積である。よって，E_1 と E_2 の事象は互いに独立である[†2]。これを有限個 n の事象 E_i で記述すると，例えば事象 E_i を i 回目のコイン投げで表が出る事象と定義したとき，式 (2.3) が成立するならばすべての事象 E_i

---

†1　演算記号の Σ は総和，Π は相乗を表す。

†2　式 (2.3) は，考えられるすべての事象 E_i の組合せからなる事象で成立することに注意が必要である。

が互いに独立である。このような試行を**独立試行**（independent trials）と呼ぶ[†1]。

つぎに，式 (2.2) に示した条件付き確率の定義を変形することで，以下の**乗法定理**が表される。

乗法定理　二つの事象 A, B に対して，式 (2.4) が成立する。

$$P(AB)=P(A)P(B|A)=P(B)P(A|B) \tag{2.4}$$

条件付き確率において $P(B|A)=P(B)$ が成立するならば，$P(AB)=P(A)P(B)$ が成立し，事象 A と事象 B は互いに独立である。そして同時に $P(A|B)=P(A)$ が成立することも意味する。

また，二つの事象 A, B に対して次式が成立する。

$$A=AB\cup A\bar{B}$$

この関係は図 2.1 からも自明である。ここで事象 AB と $A\bar{B}$ は互いに排反な事象であるので，式 (2.5) が成立する。

$$\begin{aligned}P(A)&=P(AB)+P(A\bar{B})\\&=P(A|B)P(B)+P(A|\bar{B})P(\bar{B})\end{aligned} \tag{2.5}$$

ここで，乗法定理の事象 A と B の関係を，ある事象 E と，標本空間を有限な n 個に分割した互いに排反な事象 $F_i(i=1, 2, \cdots, n)$ の関係に置き換えると[†2]，次式が成立する。

$$E=\bigcup_{i=1}^{n}EF_i$$

このときすべての積事象 EF_i も互いに排反な事象であることと，乗法定理から式 (2.6) が成立する。

$$P(E)=\sum_{i=1}^{n}EF_i=\sum_{i=1}^{n}P(E|F_i)P(F_i) \tag{2.6}$$

式 (2.6) から，ある事象 E が生起する条件のもとで事象 F_i が生起する条件付

---

†1　すべての事象 $E_i(i=1, 2, \cdots, n)$ が互いに独立，かつ，その余事象 $\bar{E}_i(i=1, 2, \cdots, n)$ も互いに独立であるならば，ド・モルガンの法則により，式 (2.1) で示した和事象の確率として次式が成立する。

$$P\left(\bigcup_{i=1}^{n}E_i\right)=1-P\left(\bigcap_{i=1}^{n}\bar{E}_i\right)=1-\prod_{i=1}^{n}P(\bar{E}_i)=1-\prod_{i=1}^{n}\{1-P(E_i)\}$$

†2　つまり $\bigcup_{i=1}^{n}F_i=S$ かつ $\forall i, j(i\neq j)$ に対して $F_iF_j=\phi$ が成立する。

き確率 $P(F_i|E)$ が**ベイズの定理**（Bayes' formula）により得られる。

ベイズの定理

$$P(F_i|E)=\frac{P(EF_i)}{P(E)}=\frac{P(E|F_i)P(F_i)}{P(E)}=\frac{P(E|F_i)P(F_i)}{\sum_{i=1}^{n}P(E|F_i)P(F_i)} \tag{2.7}$$

式 (2.7) の右辺の 2 番目の式 $\dfrac{P(E|F_i)P(F_i)}{P(E)}$ に注目すると，分子の確率 $P(F_i)$ は**事前確率**（prior probability）と呼ばれる。つぎに式 (2.7) の左辺に注目すると，条件付き確率 $P(F_i|E)$ は**事後確率**（posterior probability）と呼ばれる。また右辺にある条件付き確率 $P(E|F_i)$ は**尤《ゆう》度《ど》**（likelihood function）と呼ばれ，事象 E の生起がわかっている際に，事前確率から事後確率を推測するための“尤《もっと》もらしい数値”である。ベイズの定理は，事象 F_i が生起する事前確率 $P(F_i)$ に，事象 E が生起するという結果を与えた際に，それを反映して尤度 $P(E|F_i)$ を掛けることで事後確率 $P(F_i|E)$ が導かれる式と言える。ベイズの定理は統計学において**推定**（inference）の方法を導く重要な定理の一つである。

2.2　密度関数と分布関数

2.2.1　確率変数とは

例 2.1（1）のように 2 枚のコインを 1 枚ずつ投げる実験において表が出る回数は，(H, H) の場合には 2 回，(H, T)，(T, H) の場合にはそれぞれ 1 回ずつ，(T, T) の場合は 0 回となる。ここで“2 枚のコインを 1 枚ずつ投げる実験において表が出る回数”を変数 X で定義すると，$X=2$ である確率は 4 通りの結果の中の 1 通りであることから

$$P(X=2)=P((\mathrm{H},\ \mathrm{H}))=\frac{1}{4}$$

と求められる。同様に，$X=1$ である確率は

$$P(X=1)=P((\mathrm{H},\ \mathrm{T}),\ (\mathrm{T},\ \mathrm{H}))=\frac{2}{4}=\frac{1}{2}$$

$X=0$ である確率は

$$P(X=0)=P((\mathrm{T},\ \mathrm{T}))=\frac{1}{4}$$

と求められる。この変数 X を**確率変数**（random variable）と呼び，確率変数 X は“2 枚のコインを 1 枚ずつ投げた際に表が出る結果（事象）の数”を表す。これを厳密に考えると，確率変数 X の実現値[†1]を任意の実数 x としたとき，試行の結果により定まる事象 $\{X \leqq x\}$ は確率の法則に従う。

確率変数の実現値が離散（数えられる数）で表される場合，確率変数 X は**離散確率変数**（discrete random variable）と呼ばれる。対して，確率変数の実現値が時間などのような実数（数えられない数を含む）で表される場合，確率変数 X は**連続確率変数**（continuous random variable）と呼ばれる。

つぎに累積分布関数が以下のように定義される。

累積分布関数　式 (2.8) で定義される関数 $F(x)$ を**累積分布関数**（cumulative distribution function : **cdf**）と呼ぶ。

$$F(x)=P(X \leqq x) \tag{2.8}$$

簡潔に**分布関数**（distribution function）とも呼ばれる[†2]。

累積分布関数には，以下の性質がある。

① $F(x)$ は値 x に対して非減少関数である。

② $\lim_{x \to \infty} F(x)=F(\infty)=1$

③ $\lim_{x \to -\infty} F(x)=F(-\infty)=0$

また実数 a, b に対して $a<b$ の関係が成立するとき，累積分布関数にはつぎの関係が成立する。

$$P(a<X \leqq b)=F(b)-F(a) \tag{2.9}$$

---

†1　ここで示す実現値とは，確率変数が取りうる値のこと。

†2　確率変数 X が 2.2.2 項で示す離散の場合には，累積分布関数 $F(x)$ は離散確率分布（discrete probability distribution），2.2.4 項で示す連続の場合には連続確率分布（continuous probability distribution）と呼ばれる。

2.2.2　離散確率変数

確率変数のとる値が離散である場合と，連続の領域である場合で，累積分布関数に違いがある。本項では，確率変数 X が離散確率変数の場合の確率関数を紹介し，つぎの 2.2.3 項に信頼性工学で注目される累積分布関数を紹介する。

確率関数　確率変数 X のとる値 x が離散である場合

$$p(x)=P(X=x) \tag{2.10}$$

と定義される関数 $p(x)$ は確率変数 X の**確率関数**（probability mass function）と呼ぶ†。

ここで確率変数 X が $x_1, x_2, \cdots$ のいずれかの値をとるならば，確率関数は確率の公理より以下を満たす。

① $0<p(x_i)\leqq 1 \qquad (i=1, 2, \cdots)$

② $p(x)=0 \qquad$（ここで，x は $x_1, x_2, \cdots, x_n$ 以外の値）

③ $\displaystyle\sum_{i=1}^{\infty} p(x_i)=1$

また，累積分布関数 $F(a)$ は式 (2.11) で表される。

$$F(a)=\sum_{x_i \leqq a} p(x_i) \tag{2.11}$$

例えば，$p(1)=1/2$，$p(2)=1/3$，$p(3)=1/6$，と与えられた場合，累積分布関数 $F(a)$ は

$$F(a)=\begin{cases} 0 & (a<1) \\ \dfrac{1}{2} & (1\leqq a<2) \\ \dfrac{5}{6} & (2\leqq a<3) \\ 1 & (3\leqq a) \end{cases} \tag{2.12}$$

となる。これを図にすると，**図 2.2** のように表される。

分布の形状は，一般に分布の中央位置に平均，ばらつきの値に分散を用いて表される。確率変数 X を離散確率変数とするとき，確率変数 X の平均は

$$E[X]=\sum_{i=1}^{\infty} x_i p(x_i) \tag{2.13}$$

† 確率質量関数とも呼ばれる。

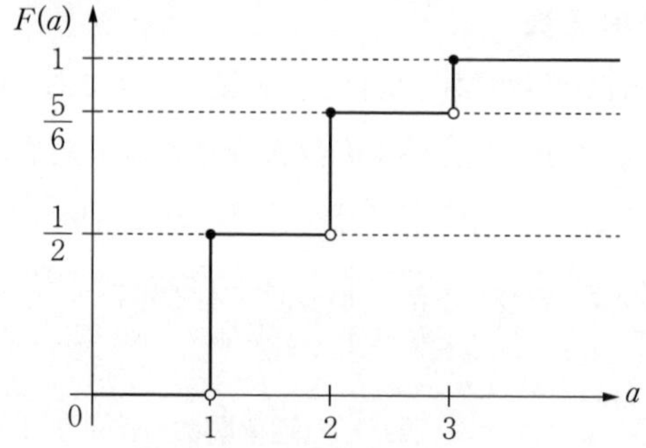

図 2.2　累積分布関数の例

で定義される。この値 $E[X]$ は**期待値**と呼ばれる。また確率変数 X の**分散** $V[X]$ は，期待値 $E[X]=m$ のとき

$$V[X]=\sum_{i=1}^{\infty}(x_i-m)^2 p(x_i)=\sum_{i=1}^{\infty}(x_i)^2 p(x_i)-m^2 \tag{2.14}$$

で表される。

2.2.3 離散確率分布

確率の世界にはさまざまな**離散確率分布**（discrete probability distribution）がある。2.2.3 項では，信頼性工学で用いられる離散確率分布として，幾何分布，二項分布，ポアソン分布を紹介する。

〔**1**〕 **幾何分布**　　例 2.1（1）のコイン投げを繰り返し何度も行った実験では何回目に初めて表が出るだろうか。この試行を行った際に，n 回目の試行で初めて表が出る確率を考える[†]。ここで，すべての試行で成功する確率は，等しく p で表される（反対に失敗する確率は $1-p$ で表される）とする。初めて成功する試行回数の確率変数を X で表すとき，ちょうど n 回目に初めて成功する確率は

$$p(n)=P(X=n)=(1-p)^{n-1}p \tag{2.15}$$

である。確率変数 X の確率関数が式 (2.15) で与えられるとき，確率変数 X の

† 章末問題 2.2 も参照のこと。章末問題 2.2 で“表が出ると成功”と考えると同じ問題である。この例のように，“勝つか負けるか”というような，結果が 2 択となる試行は**ベルヌーイ試行**（Bernoulli trial）と呼ばれる。

分布をパラメータ p の**幾何分布**（geometric distribution）と呼ぶ。

確率変数 X の分布がパラメータ p の幾何分布に従うとき，式 (2.13) と式 (2.14) より幾何分布の期待値は $E[X]=1/p$，分散は $V[X]=(1-p)/p^2$ となる。

〔２〕 **二項分布**　例 2.1（１）のコイン投げの実験を n 回行った場合に，n 回中何回表が出るだろうか。この確率を n 回中ちょうど k 回 $(k \leqq n)$ 成功する確率で考える。すべての試行で成功する確率は，〔１〕の幾何分布と同じく p で表す。ここで n 回試行の中で成功する回数の確率変数を X とする。ちょうど k 回成功する確率 $p(k)$ は

$$p(k)=P(X=k)=\binom{n}{k}p^k(1-p)^{n-k} \tag{2.16}$$

で表される。ここで $\binom{n}{k}$ は n 回中 k 回の組合せの数，すなわち $\binom{n}{k}=\dfrac{n!}{k!(n-k)!}$ である。確率変数 X の確率関数が式 (2.16) で与えられるとき，確率変数 X の分布をパラメータ n, p の**二項分布**（binomial distribution）と呼ぶ。

確率変数 X の分布がパラメータ n, p の二項分布に従うとき，式 (2.13) と式 (2.14) より期待値は $E[X]=np$，分散は $V[X]=np(1-p)$ となる。

〔３〕 **ポアソン分布**　ある定数 $\lambda(>0)$ に対して，確率変数 X が成功回数を表し，成功回数がちょうど k である確率 $p(k)$ が

$$p(k)=P(X=k)=e^{-\lambda}\frac{\lambda^k}{k!} \tag{2.17}$$

で表される場合，この確率変数 X の分布をパラメータ λ の**ポアソン分布**（Poisson distribution）と呼ぶ。ポアソン分布はパラメータ λ の値により**図 2.3** のように変化する†。例えば，1 ページあたりの誤植の数がわかっているとき

† 単位時間あたり平均 λ 回成功するときに時点 $t(>0)$ までに成功する回数 $X(t)$ が $P\{X(t)=k\}=e^{-\lambda t}\dfrac{(\lambda t)^k}{k!}$ のポアソン分布に従う場合を考える。時点 t に対しポアソン分布に従う**確率過程** $\{X(t), t>0\}$ を**ポアソン過程**と呼ぶ。ここで確率過程とは，時間に伴い変化する確率変数のことである。ポアソン過程は事象の生起に規則性がない，つまり，前の成功からつぎの成功までに掛かる時間がランダムである事象を表す基本的な確率過程の一つである。

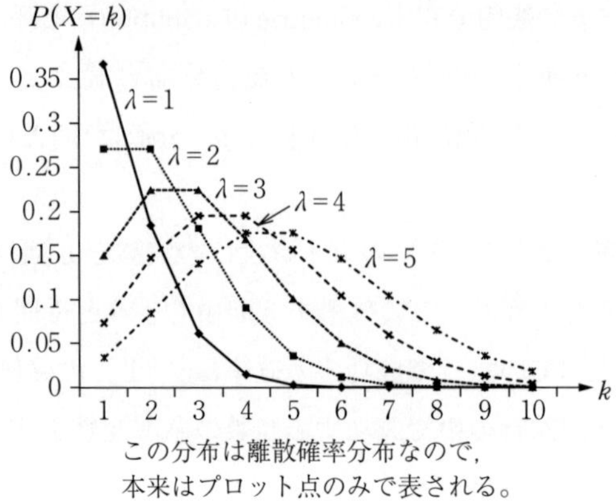

図 2.3　ポアソン分布

に，あるページに誤植がある確率を求める場合や，平均して不良品が発生する数がわかっているときに，ある日の出荷分の中に不良品が含まれる確率を求める場合に，ポアソン分布に従うものとして考えることができる。

ここで，繰り返し n 回行われる試行で λ 回成功する確率を $p=\lambda/n$ で表す。このとき，ちょうど k 回成功する確率を考える。この問題を〔2〕で示した二項分布においてすべての試行で成功する確率が等しく $p=\lambda/n$ で表される場合で考える。試行回数 $n\to\infty$ としたとき，二項分布の確率 $p(k)$ は

$$p(k)=\lim_{n\to\infty}\binom{n}{k}\left(\frac{\lambda}{n}\right)^k\left(1-\frac{\lambda}{n}\right)^{n-k}$$
$$=e^{-\lambda}\frac{\lambda^k}{k!} \qquad (2.18)$$

となる。

式 (2.18) は二項分布のポアソン近似と呼ばれる。

確率変数 X の分布がパラメータ λ のポアソン分布に従うとき，式 (2.13) と式 (2.14) より，期待値は $E[X]=\lambda$，分散も $V[X]=\lambda$ である。ポアソン分布の期待値と分散が等しく λ になることが特徴である。

2.2.4 連続確率変数

確率変数のとる値が連続の領域である場合，2.2.2 項で示した離散の場合と異なる。本項では，確率変数 X が連続確率変数である場合の確率密度関数を示し，つぎの 2.2.5 項では，信頼性工学で用いられる累積分布関数を紹介する。

確率密度関数 確率変数 X のとりうる範囲が任意の実数 $x \in (-\infty, \infty)$ の集合 s である場合，集合 s の定義域が $[a, b]$ ならば

$$P(a \leqq X \leqq b) = \int_a^b f(x)dx \tag{2.19}$$

が成立する非負の関数 $f(x)$ は，確率変数 X の**確率密度関数**（probability density function : **pdf**）と呼ばれる。

確率密度関数 $f(x)$ は，確率の公理から以下を満たす。

① $P(-\infty < X < \infty) = \int_{-\infty}^{\infty} f(x)dx = 1$

② $P(a \leqq X \leqq b) = \int_a^b f(x)dx$

③ $0 \leqq P(a \leqq X \leqq b) \leqq 1$

ここで，もし $a = b$ ならば

④ $P(a \leqq X \leqq a) = \int_a^a f(x)dx = 0$

また，累積分布関数 $F(a)$ は式 (2.20) で表される。

$$F(a) = P(X \leqq a) = \int_{-\infty}^{a} f(x)dx \tag{2.20}$$

図 2.4 に連続確率変数の確率密度関数 $f(x)$ と累積分布関数 $F(x)$ を例示する。

確率変数 X を連続確率変数とするとき，定義域 $(-\infty, \infty)$ に対して期待値 $E[X]$ は

$$E[X] = \int_{-\infty}^{\infty} xf(x)dx \tag{2.21}$$

と定義される。確率変数 X の期待値が $E[X] = \mu$ ならば，分散 $V[X]$ は

$$V[X] = E[(X-\mu)^2] = E[X^2] - \mu^2 \tag{2.22}$$

で求められる。確率密度関数を用いると分散は式 (2.23) で表される。

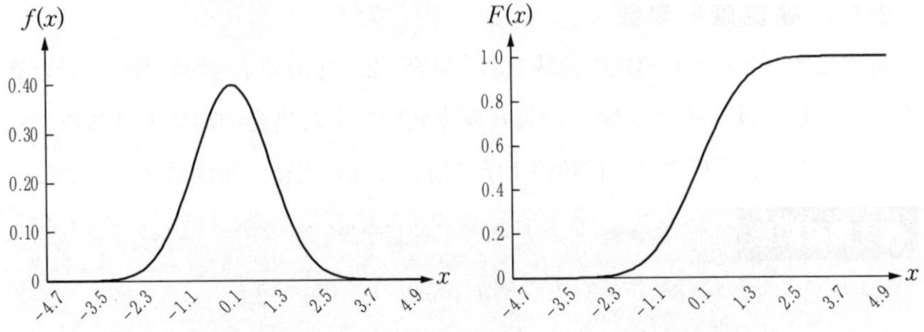

（a） 確率密度関数　　（b） 累積分布関数

図 2.4　確率密度関数 $f(x)$ と累積分布関数 $F(x)$ の例

$$V[X]=\int_{-\infty}^{\infty}(x-\mu)^2 f(x)dx=\int_{-\infty}^{\infty}x^2 f(x)dx-\mu^2 \tag{2.23}$$

2.2.5 連続確率分布

2.2.3 項に続き，信頼性工学でよく用いられる**連続確率分布**（continuous probability distribution）として，指数分布，正規分布，ガンマ分布，ならびに，ワイブル分布を紹介する。

〔1〕 **指数分布**　　ある定数 $\lambda(>0)$ に対して，式 (2.24) で表される確率密度関数 $f(x)$ を考える。

$$f(x)=\begin{cases}\lambda e^{-\lambda x} & (0\leqq x<\infty)\\ 0 & (x<0)\end{cases} \tag{2.24}$$

このとき確率変数 X の分布をパラメータ λ の**指数分布**（exponential distribution）と呼ぶ。指数分布の累積分布関数 $F(a)$ は式 (2.25) で表される。

$$F(a)=P(X\leqq a)=\int_0^a \lambda e^{-\lambda x}dx=1-e^{-\lambda a} \tag{2.25}$$

指数分布の確率密度関数 $f(x)$ はパラメータ λ の値により**図 2.5** のように変化する。確率変数 X が事象の生起する時点を表し，指数分布に従う場合，任意の $t, t'>0$ に対して

$$P\{X>(t+t')\,|\,X>t\}=P\{X>t+t'\}$$

が成立することが知られている。これは時点 t までに事象が生起せずに，時点

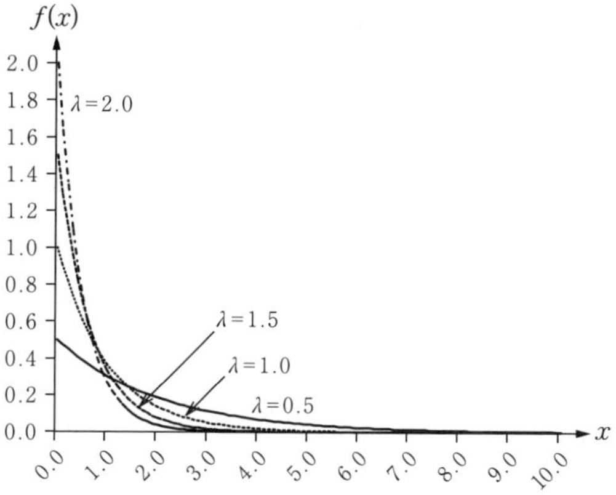

図 2.5　指数分布

$t+t'$ まで事象が生起しない確率は，時点 t までに事象が生起しないことに影響されず，時点 0 を起点として時点 $t+t'$ までに事象が生起しない確率に等しいことを意味する。この性質は指数分布の**無記憶性**と呼ばれる。言い換えると無記憶性があるということは，事象が生起する確率は過去に影響されず，ある時間間隔 Δt に対して一定である[†1]。

確率変数 X がパラメータ λ の指数分布に従うとき，式 (2.22) と式 (2.23) より，指数分布の期待値は $E[X]=1/\lambda$，分散は $V[X]=1/\lambda^2$ である。

〔2〕　**正規分布**　　ある実数の定数 μ, $\sigma^2>0$ に対して，式 (2.26) で表される確率密度関数 $f(x)$ を考える。

$$f(x)=\frac{1}{\sqrt{2\pi}\sigma}\exp\left(-\frac{(x-\mu)^2}{2\sigma^2}\right) \qquad (-\infty \leqq x < \infty)^{\dagger 2} \tag{2.26}$$

このとき確率変数 X の分布をパラメータ μ, σ^2 の**正規分布**（normal distribution）と呼ぶ。累積分布関数 $F(\mathrm{a})$ は式 (2.27) で表される。

$$F(a)=P(X\leqq a)=\int_{-\infty}^{a}\frac{1}{\sqrt{2\pi}\sigma}\exp\left(-\frac{(x-\mu)^2}{2\sigma^2}\right)dx \tag{2.27}$$

この累積分布関数は**ガウス分布**（Gaussian distribution）とも呼ばれる。二

†1　ここで Δt は微小な時間を意味する。
†2　$\exp(x)$ は e^x を意味する。

つのパラメータは，式 (2.21) と式 (2.23) より期待値は $E[X]=\mu$，分散は $V[X]=\sigma^2$ となる。そのため式 (2.27) で表される確率変数 X は「平均 μ，分散 σ^2 の正規分布に従う」と呼ばれ，$X \sim N(\mu, \sigma^2)$ と記述する場合もある。正規分布は平均値 μ が異なる場合には**図 2.6** (a) のように釣鐘状の分布の中央位置が異なり，分散 σ^2 が異なる場合には図 (b) のように釣鐘の両端の広がりに違いが出る。なお図 2.6 の背後に見える縦棒グラフの詳細は次章 3.1.2 項で説明する。

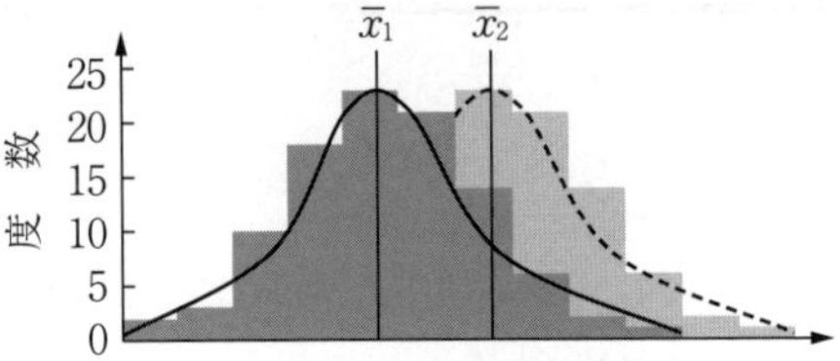

（a） 平均値の異なる分布

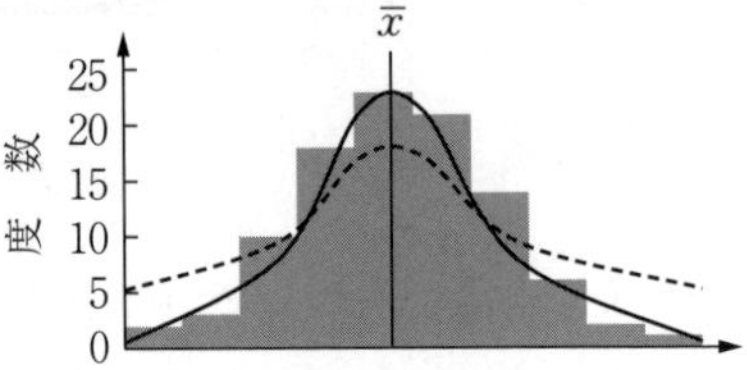

（b） 分散の異なる分布

図 2.6　正規分布のパラメータによる違い

特にパラメータ $\mu=0, \sigma^2=1$ の正規分布は**標準正規分布**と呼ばれ，**図 2.7** の実線のような形状になる。正規分布は身長や試験などの得点，さまざまな観測における観測誤差など，さまざまな自然現象においてこの分布が当てはまる場合が非常に多く，活用される機会が多い。

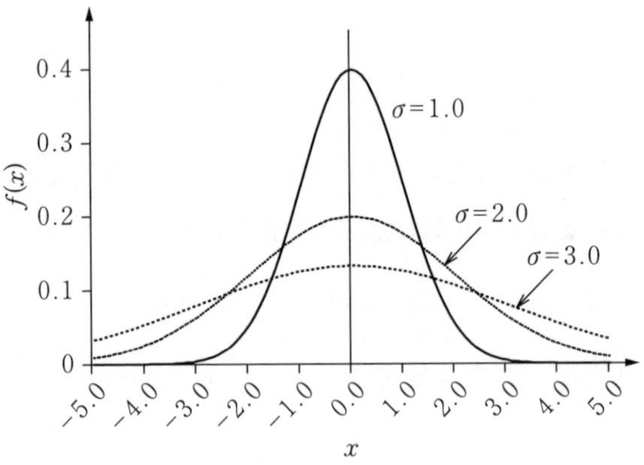

図 2.7　正規分布（$\mu=0.0$）

〔3〕 **ガンマ分布**　　信頼性工学で用いられる連続確率分布の一つとしてガンマ分布がある。ある定数 λ, $k(>0)$ に対して，式 (2.28) で表される確率密度関数 $f(x)$ を考える。

$$f(x)=\begin{cases}\dfrac{\lambda^k}{\Gamma(k)}x^{k-1}e^{-\lambda x} & (x<0)\\ 0 & (x\geqq 0)\end{cases} \tag{2.28}$$

ここで，**ガンマ関数** $\Gamma(k)$ は

$$\Gamma(k)=\int_0^{\infty}x^{k-1}e^{-x}dx$$

で表される関数である。なお，ガンマ関数はパラメータ k が正の整数ならば

$$\Gamma(k)=(k-1)!$$

で表される。

このとき確率変数 X の分布をパラメータ λ, k の**ガンマ分布** (gamma distribution) と呼ぶ[†]。累積分布関数 F(a) は式 (2.29) で表される。

$$F(a)=P\{X\leqq a\}=\int_0^a\frac{\lambda^k}{\Gamma(k)}x^{k-1}e^{-\lambda x}dx \tag{2.29}$$

なお，特にパラメータ $k=1$ のガンマ分布の確率密度関数は，$\Gamma(1)=1$ であることから，式 (2.28) より確率密度関数は $x\geqq 0$ の場合において

$$f(x)=\frac{\lambda^k}{\Gamma(k)}x^{k-1}e^{-\lambda x}=\lambda e^{-\lambda x}$$

となり，式 (2.24) で示したパラメータ λ の指数分布の確率密度関数に等しい。

確率変数 X の分布がパラメータ λ, k のガンマ分布に従うとき，式 (2.22) と式 (2.23) より，期待値は $E[X]=\lambda/k$，分散は $V[X]=\lambda/k^2$ である。

〔4〕 **ワイブル分布**　　信頼性工学で重用される連続確率分布に，もう一つ，ワイブル分布がある。ある定数 $m(>0)$, $\eta(>0)$, $\gamma(\geqq 0)$ に対して，次式で表される確率密度関数 $f(x)$ を考える。

$$f(x)=\frac{m}{\eta}\left(\frac{x-\gamma}{\eta}\right)^{m-1}\exp\left(-\left(\frac{x-\gamma}{\eta}\right)^m\right) \tag{2.30}$$

† 　パラメータ λ は形状母数，パラメータ k は尺度母数と呼ばれる場合がある。

このとき確率変数 X の分布をパラメータ m, η, γ の**ワイブル分布**（Weibull distribution）と呼ぶ。特にパラメータ m は**形状パラメータ**（**ワイブル係数**），η は**尺度パラメータ**，γ は**位置パラメータ**と呼ばれる。

ワイブル分布の累積分布関数 $F(a)$ は式 (2.31) で表される。

$$F(a)=P\{X\leqq a\}=\int_0^a \frac{m}{\eta}\left(\frac{x-\gamma}{\eta}\right)^{m-1}\exp\left(-\left(\frac{x-\gamma}{\eta}\right)^m\right)dx$$
$$=1-\exp\left(-\left(\frac{x-\gamma}{\eta}\right)^m\right) \qquad (2.31)$$

ここで形状パラメータ $m=1$，および，尺度パラメータ $\eta=1/\lambda$，および位置パラメータ $\gamma=0$ と置くと，式 (2.30) の確率密度関数は

$$f(x)=\frac{1}{\eta}\left(\frac{1}{\eta}x\right)^{m-1}\exp\left(-\left(\frac{1}{\eta}x\right)^m\right)=\lambda e^{-\lambda x}$$

となり，式 (2.24) で示したパラメータ λ の指数分布の確率密度関数に等しい。

確率変数 X の分布がパラメータ m, η, γ のワイブル分布に従うとき，式 (2.22) と式 (2.23) より，ワイブル分布の期待値と分散はガンマ関数 $\Gamma(\cdot)$ を用いて次式で表される。

ワイブル分布の期待値　$E[X]=\eta\Gamma\left(1+\frac{1}{m}\right)$

ワイブル分布の分散　　$V[X]=\eta^2\left(\Gamma\left(1+\frac{2}{m}\right)-\left[\Gamma\left(1+\frac{1}{m}\right)\right]^2\right)$

コラム 2：ワイブル分布の特徴

ワイブル分布は信頼性工学でよく用いられる分布であり，**図**に示すような複数の連なる環（リンク）で構成された鎖を両端で外力 x で引っ張る試験を考えた際に，一番弱い環の破損により鎖全体の強度が決定されるというモデルから考えられたシステムの外力 x に対する分布である。つまり，システムを構築する機器や装置などの構成部品において，システムの故障が一番弱い部分の機能不能（故障）によりシステム全体の故障となるモデル（最弱リンクモデル）におけるシステムの故障確率の分布が説明できる。つまり図における環の一つひとつがシステムを構成する部品であり，外力 x がシステムに掛かる負荷（ストレス）を意味する。

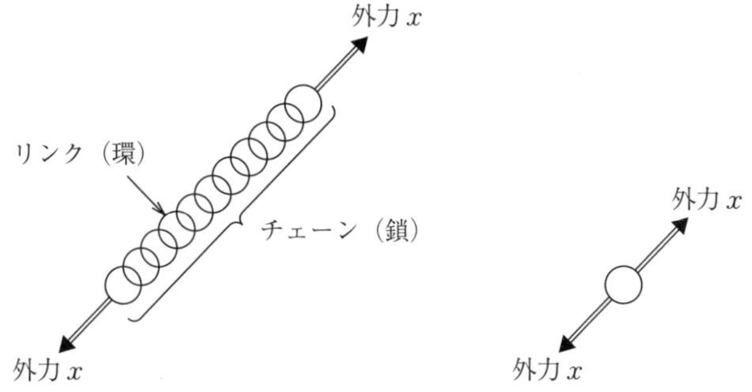

（a）　複数リンク（直列）の場合　　（b）　一つのリンク

図　最弱リンクモデル

なお，この最弱リンクモデルは，鎖を構成する環の一つでも破損すればシステムも破損するので，4 章で詳しく説明する直列系（直列システム）である。

ここで図に示された鎖を両端から引っ張るときに，1 個の接続部が時点 t までに破損する確率を $F(t)$（すなわち累積分布関数）とする。接続部が n 個あるとすると，この鎖が時点 t までに“破損しない確率（すなわち信頼度）” $R(t)$ は $(1-F(t))^n$ で表される。ここで $F(t)$ を $t=0$ の周りで展開すると

$$F(t)=a_1t+a_2t^2+\cdots$$

となる。さらに t を t^m と置き換え，接続部の数 n を大きくすると

$$R\left(\frac{t^m}{n}\right)=\left(1-a_1\frac{t^m}{n}-a_2\frac{t^{2m}}{n}\cdots\right)^n$$

であることにより $R\left(\dfrac{t^m}{n}\right)$ は $\exp(-a_1t^m)$ に近づく。以上は，接続部が多く時間が短かければ，たとえ一つひとつの接続部の破損時間がどのような分布に従っていても，鎖が破損する時間，すなわち，2.3 節に後述する寿命分布がワイブル分布で表されることを意味する。

上記はより広く解釈することが可能であり，部品の故障時間がどんな分布に従うとしても，部品点数が多いシステムの故障時間はワイブル分布に従うことを意味する。

2.3 信頼性の評価指標

信頼性工学における信頼性の評価指標で，2.2 節で説明した確率分布に基づいた指標がある。例えばシステムを構成するアイテム†の稼働と故障においてシステムを構成するアイテムの故障数や稼働数の分布は二項分布に従うと仮定できる。また，アイテムの故障時間はアイテムの状況に応じて 2.2.5 項で示した指数分布やワイブル分布，ガンマ分布に従うと仮定できる。このように信頼性工学では確率に基づく評価指標を用いる場合が多い。2.3 節では信頼性工学の数学的な基礎部分として，アイテムの修理を考えない場合に用いられる信頼性の評価指標をおもに紹介する。アイテムの修理を考える場合の評価指標は 2.3.3 項で一部を紹介し，5 章で詳しく説明する。

2.3.1 アイテムの修理を考えない場合における信頼性評価

アイテムの修理を考えないシステム運用を行うシステムは**非修理系**と呼ばれ，**図 2.8** に示すように，あるシステムにおいて故障したアイテムを即交換する。これは，使い捨てのライターや電球，消火器，ロケットなどのように使い捨てになる製品や部品の信頼性を考えた場合にあたる。**ワンショットシステム**（one-shot system）とも呼ばれる。

真壁ほか[1)]は「信頼性の第一義的なものは耐久性である。長持ちしなければ，どんなに使いやすく，機能が優れていても基本的な目的は達成できない。」と説いている。この耐久性の性質は

(A)　長持ちする性質

(B)　故障の少ない性質

により表される。信頼度はこの耐久性の性質 (A) を表す最も基本的な指標であ

† JIS Z 8115：2019 では，ディペンダビリティ（総合信頼性，定義は 1 章のコラム参照）の対象となるもの（個別の部品，構成品，デバイス，機能ユニット，機器，サブシステム，またはシステム，サービスを考慮する場合，サービスユニット，サービスプロセス，サービスシステムなど）を“アイテム”と定義している。

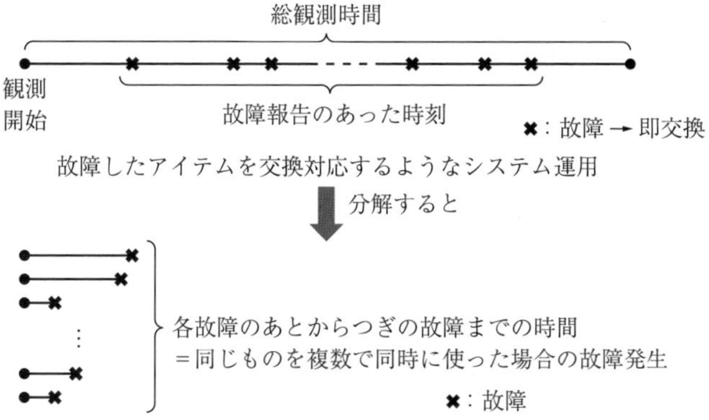

図 2.8　部品の故障までの運用

る。これらの耐久性の性質を表す尺度は確率で表される。信頼度 $R(t_1, t_2)$ $(0 \leqq t_1 < t_2 < \infty)$ は JIS Z 8115：2019 において“アイテムが与えられた条件の下で，時間間隔 (t_1, t_2) に対して，要求どおりに機能を遂行できる確率”と定義されているが，一般には時間間隔に関して“時点 t まで故障せずに，要求どおりに遂行できる”場合の信頼度関数 $R(t)(0 \leqq t < \infty)$ として

$$R(t) = \int_t^{\infty} f(x)dx \tag{2.32}$$

と表される。ここで確率密度関数 $f(x)$ はアイテムの故障時間を連続確率変数とした関数であり，時点 $t(\geqq 0)$ までの累積分布関数は**寿命分布**（life time distribution）とも呼ばれる。式 (2.32) の信頼度関数は時点 t までアイテムが機能を遂行できる確率，すなわち信頼度である。また，確率密度関数 $f(x)$ の分布の平均値（時間の期待値）μ は式 (2.33) で表される。

$$\mu = \int_0^{\infty} tf(x)dx \tag{2.33}$$

寿命分布の平均値 μ は**平均寿命**（mean time to failure : **MTTF**）と呼ばれ，アイテムの“故障までの平均動作時間（動作時間の期待値）”を示す値となる。つまり μ が大きいということは，アイテムが故障せずに動作し続ける時間が長い（寿命が長い）ことを意味する。確率密度関数 $f(x)$ と信頼度 $R(t)$，分布の期待値 μ（MTTF）の関係は**図 2.9** のように表される。

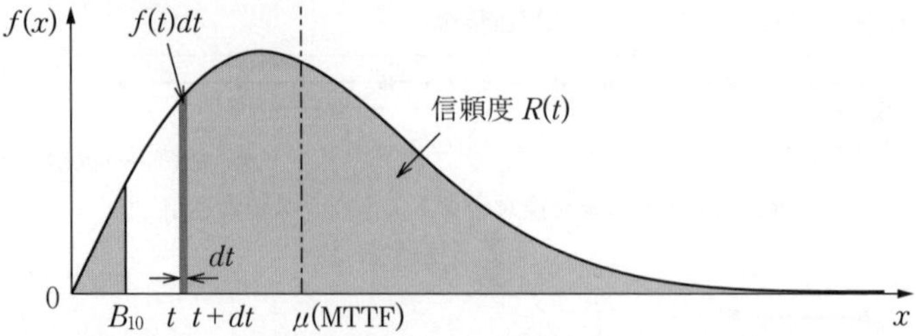

図 2.9　確率密度関数 $f(x)$ と信頼度 $R(t)$，MTTF，B_{10}

また“時間 0 を起点として信頼度が 0.10 となる時間 B_{10} の値”，すなわち

$$\int_0^{B_{10}} f(x)dx = 0.1 \tag{2.34}$$

を B_{10} ライフと呼ぶ。言い換えれば，対象の 10％が故障するまでの時間を示す指標である。

アイテムの故障までの寿命が確率密度関数 $f(x)$ に従うとき，時点 t までに故障が発生する確率 $F(t)(0 \leqq t < \infty)$ は**故障分布関数**（failure distribution function），または**不信頼度関数**（unreliability function）と呼び

$$F(t) = \int_0^{t} (x)dx \tag{2.35}$$

で表される。ある時点 t に対して，寿命がその時点以上である信頼度関数と，その時点以下である不信頼度関数には，$F(t)=1-R(t)$ の関係が成り立つことに注意してほしい（**図 2.10**）†。

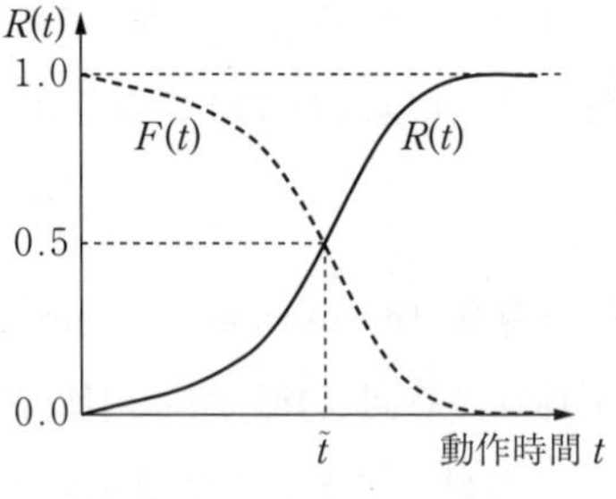

図 2.10　信頼度 $R(t)$ と不信頼度 $F(t)$

†　信頼度 $R(t)$ と不信頼度 $F(t)$ が交差する時点 $\tilde{t}$ は**メジアン寿命**（median）と呼ばれる。

2.3.2　故障率関数，累積ハザード関数とバスタブ曲線

故障とは，厳密には“アイテムが要求を実行する能力を失うこと”である。故障のしやすさを表す尺度として，単位時間あたりの故障発生率を表す**故障率**（failure rate）がある。

アイテムが時点0を起点として動作を開始して時点 t までに故障が発生していない場合において，つぎの時間間隔 $(t,\ t+\Delta t)$ で故障が起こる条件付き確率を考え，この確率を，時間間隔を微小 $(\Delta t \to 0)$ とした極限値，つまりある時点 t の瞬間故障率を**故障率関数**と呼び $\lambda(t)$ で表す。すなわち，確率変数 X が故障時間を表すならば

$$\lambda(t)=\lim_{\Delta t\to 0}\frac{1}{\Delta t}P\{t\leqq X<t+\Delta t \mid X\geqq t\}=\lim_{\Delta t\to 0}\frac{1}{\Delta t}\frac{P\{t\leqq X<t+\Delta t\}}{P(X\geqq t)} \tag{2.36}$$

である。ここで

$$\lambda(t)=\frac{\displaystyle\lim_{\Delta t\to 0}\frac{1}{\Delta t}F(t,\ t+\Delta t)}{R(t)}=\frac{\displaystyle\lim_{\Delta t\to 0}\frac{1}{\Delta t}\int_t^{t(t+\Delta t)}f(x)dx}{R(t)}=\frac{f(t)}{R(t)}$$

が成り立つ。ここで $f(t)=-\dfrac{dR(t)}{dt}$ から

$$\lambda(t)=\frac{-dR(t)/dt}{R(t)}=-\frac{d\ln R(t)}{dt}$$

となる。これにより

$$R(t)=\exp\left(-\int_0^t\lambda(x)dx\right) \tag{2.37}$$

の関係を得ることができる。また，式(2.37)の指数部分を抜き出して

$$H(t)=\int_0^t\lambda(x)dx \tag{2.38}$$

と表した関数を累積ハザード関数と呼ぶ。ここで不信頼度関数と $F(t)=1-\exp(-H(t))$ の関係が成立することに注意してほしい[8]。

故障率関数 $\lambda(t)$ の時点 t に対する変化に注目し，時間に対する故障率の変化を図示すると，**図2.11**のように表される。この曲線が浴槽を横から眺めた形に見えることから，**バスタブ曲線**（bath-tab curve）と呼ばれる。

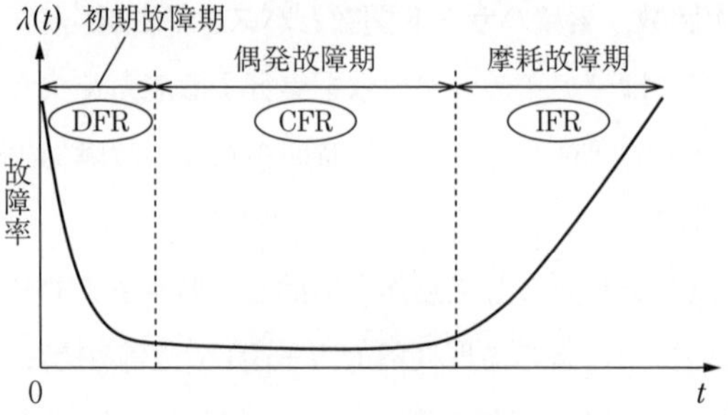

図 2.11　バスタブ曲線

バスタブ曲線では故障率 $\lambda(t)$ の時点 t に対する値の変化傾向で大きく三つの時期，初期故障期，偶発故障期，摩耗故障期に分類される。

〔1〕 **DFR**（decreasing failure rate）**型**　　DFR 型は故障率関数 $\lambda(t)$ が時点 t の非増加関数で表される期間であり，“使用後の比較的早い時期に，設計・製造上の欠点，使用環境との不適合などによって起こる故障”，つまり，おもに初期故障が発生する期間の故障率の傾向を示す。この期間は**初期故障期**と呼ばれ，時間経過とともに部品どうしの慣れやさまざまな保守[†]が進むことで，しだいに故障率 $\lambda(t)$ が低下（decreasing）することが特徴である。

この期間に，設計ミスや工程の潜在的な欠陥など，さまざまな欠陥を早期に洗い出して分類し対処する（スクリーニング）ことが必要とされる。

〔2〕 **CFR**（constant failure rate）**型**　　CFR 型は故障率 $\lambda(t)$ が時点 t にかかわらずほぼ一定（constant）で故障発生に規則性がない期間であり“初期故障期間を過ぎ摩耗故障期間に至る以前の時期に，偶発的に故障が起こる”期間の故障率の傾向を示す。この期間は**偶発故障期**と呼ばれ，アイテムは基本的に安定して稼働する期間である。ここで偶発とは

① 現象の発生（事象の生起）が独立である（独立性）。

② 発生頻度が時間推移に対して一定である（定常性）。

③ 現象の発生（事象の生起）が順序づけられる。仮に同時に発生したように見えても，その発生時間の微小な差があるものと考えて同時発生の可

† 保全とも呼ばれる。詳しくは 2.3.3 項と 5 章を参照されたい。

能性を無視する（順序性）。

を満たす事象の生起を意味する。システムにおいては構成部品の故障が偶発的に起きることを意味する[†1]。

故障率が時間経過にかかわらず一定ならば，指数分布に従うと考えると当てはまりが良い。これは，2.2.5 項〔1〕で説明した指数分布の無記憶性により，偶発事象の発生間隔を観測した値の分布が説明できるためである。

この期間の故障を事前に予知することは難しく，人為的なミスなどの対処を考える。

〔3〕 **IFR**（increasing failure rate）**型**　IFR 型は故障率関数 $\lambda(t)$ が時点 t の非減少関数で表される期間であり，“疲労，摩耗劣化現象などによって時間とともに故障率が大きくなる期間の故障”，つまり，おもに摩耗による故障が発生する期間の故障率の傾向を示す。**摩耗故障期**と呼ばれ，故障率が時間とともに上昇（increasing）する。すなわち，時間経過とともに摩耗故障が発生し，しだいに故障率が増加する傾向を示す。

バスタブ曲線の形状を数式で表現する場合，故障率関数 $\lambda(t)$ を，ワイブル分布を用いて

$$\lambda(t)=\frac{m}{\alpha}t^{m-1} \qquad (t \geqq 0,\ 0<m<\infty)$$

と定義することで容易に表現できる。このとき，故障率関数 $\lambda(t)$ は形状パラメータ m により，それぞれ**図 2.12** のように表される[†2]。すなわち，形状パラメータ m が 1.0 未満であれば，図 (a) のように t に対して減少する曲線を描く。$m=1.0$ であれば，図 (b) のように t に対して一定である。形状パラメータ m が 1.0 より大きければ，図 (c) のように t に対して増加する曲線を描く。

†1　個々の部品故障が独立ではない場合においても，多数の部品で構成されたシステムにおいては，故障の発生は偶発に近づくと考えられる。（**ドレニック**（R. F. Drenick）**の定理**）

†2　バスタブ曲線にワイブル分布を当てはめた場合の位置パラメータ γ はアイテムの故障が起こらない保証期間を意味し，$\gamma=0$ ならば製品の使用開始とともに故障が起こりうる状態，$\gamma<0$ ならば出荷前のスクリーニングでその時点 0 より前の故障が取り除かれた状態，$\gamma>0$ ならば保証時点 γ まで故障が起こらない状態を意味している。

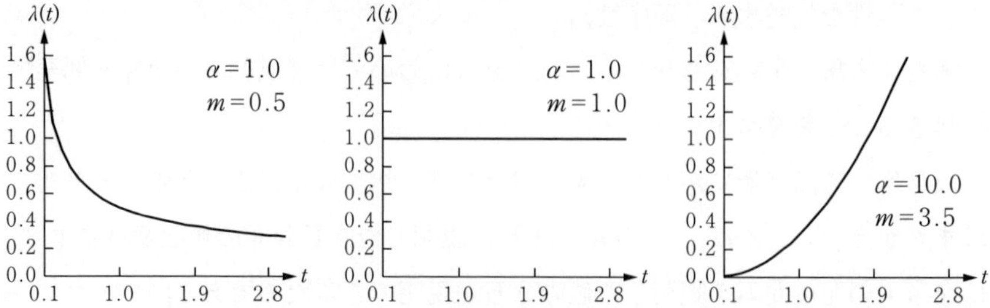

（a）　初期故障期（DFR）　　（b）　偶発故障期（CFR）　　（c）　摩耗故障期（IFR）

図 2.12　故障率関数 $\lambda(t)$ の曲線形状とパラメータ

表 2.1　故障パターンとパラメータ m の関係

故障パターン	m の範囲
初期故障期（DFR）	$0<m<1.0$
偶発故障期（CFR）	$m=1.0$
摩耗故障期（IFR）	$1.0<m$

表 2.2　故障のパターンとその対策[6)]

故障パターン	現　象	原　因	対　策
故障率減少型 （DFR）	• 新製品の発売初期の故障 • 時間の経過とともに安定する • 小さな不具合や故障が多く，重大事故は少ない	• 標準が守られていない • 設計ミス（材料選定，残留応力） • 製造ミス（熱処理，工程未熟） • 使用ミス（想定外使用）	• 標準の遵守 • 設計審査，FMEA/FTA 実施 • エージング，スクリーニング • 作業員の教育，使用基準の明確化
故障率一定型 （CFR）	• 多数の構成部品からなるシステムに見られる典型的なパターン • 多くの電子部品の故障	• システムへのランダムなストレス（環境条件，動作条件，操作条件）	• 冗長系の採用 • 設計・企画への投資 • 高信頼性部品，材料の使用 • 適切な使用
故障率増加型 （IFR）	• 機械的阻止や部品の摩耗・疲労による故障 • 放置すると重大事故につながる	• 材料・部品の摩耗，疲労，老化 • 腐食環境	• 予防保全（時間計画，状態監視保全）の実施 • 更新計画

バスタブ曲線はこれらの混合型と言えるため，**表 2.1** のように，各故障パターンと形状パラメータ m の値の範囲の関係がまとめられる。

バスタブ曲線の故障パターンと，それらの発生原因，ならびに（一般的な）対策については，市田と鈴木[2)]でまとめられ，鈴木ほか[6)]で少し修正が加えられて，**表 2.2** のように整理されている。

2.3.3　アイテムの修理を考える場合における信頼性評価

2.3.1 項で示した非修理系の信頼性評価指標と異なり，故障したアイテムを修理することでシステムを復旧させる場合を考える。**図 2.13** に示すように，故障したときには「稼働しない（非稼働）時間」が存在し，非稼働時間に修理が行われる。

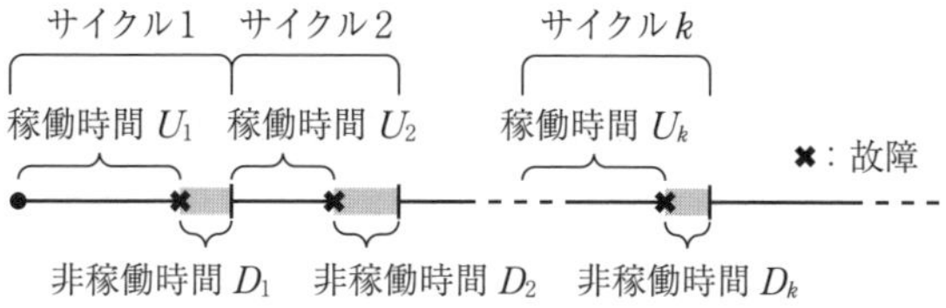

図 2.13　修理系における稼働時間と非稼働時間

この稼働時間と故障が発生し修理が行われて復旧するまでの時間をサイクルと呼ぶ。このようなシステム運用を行うシステムは**修理系**と呼ばれる。修理系の信頼性評価では，修理や事前点検，交換などを含めてシステムの機能を維持することを**保全**（maintenance）と言う。JIS Z8115：2019 の定義では“アイテムが要求どおりに実行可能な状態に維持され，又は修復されることを意図した，全ての技術的活動及び管理活動の組合せ”が保全である（5 章参照）。

図 2.13 に示したように，修理系では稼働時間と非稼働時間を考える。**平均故障間動作時間**（mean operating time between failure：**MTBF**†）は稼働時間の評価指標であり，総観測時間における故障回数が k 回（稼働と故障を k サイクル繰り返した時間）ならば

† MOTBF と簡略される場合もある。

$$\mathrm{MTBF}=\lim_{n\to 0}\frac{\sum_{i=1}^{n}U_i}{n}\doteqdot\frac{\sum_{i=1}^{k}U_i}{k}=\frac{U_1+U_2+\cdots+U_k}{k} \tag{2.39}$$

で求められる。ここで $U_i(i=1, 2, \cdots, k)$ は観測された稼働時間を意味する。なお修理系において故障が指数分布 k に従うと考えた場合，MTBF は故障あたりの稼働時間の式であることに注目すると，MTBF の逆数は（稼働時間の）単位時間あたりの故障発生率の式となり，故障率を求めることと等しいことに気をつけてほしい。

対する非稼働時間の評価指標として**平均保全（修理）時間**（mean time to repair：**MTTR**）があり，同じく総観測時間における故障回数が k 回（k サイクル）ならば

$$\mathrm{MTTR}=\lim_{n\to 0}\frac{\sum_{i=1}^{n}D_i}{n}\doteqdot\frac{\sum_{i=1}^{k}D_i}{k}=\frac{D_1+D_2+\cdots+D_k}{k} \tag{2.40}$$

で得られる。ここで $D_i(i=1, 2, \cdots, k)$ は観測された非稼働時間を意味する。

このように求められた MTBF と MTTR を用いた評価指標の一つがアベイラビリティ†であり，式 (2.41) で表される。

$$A=\frac{\mathrm{MTBF}}{\mathrm{MTBF}+\mathrm{MTTR}} \tag{2.41}$$

このほかの修理系の評価指標は，5 章にて詳しく説明する。

章　末　問　題

【2.1】 立方体のそれぞれの面に 1 から 6 の数字が振られたサイコロがある。サイコロを投げたとき，六つの数字が等しく出るとき，1 から 6 の数字が出る確率を求めなさい。

【2.2】 コインを 1 枚ずつ投げるゲームを行う。このとき表が出る確率はすべて p であるとする。このとき，ゲームを始めて n 回目に初めてコインが表になる確率 $P(N=n)$ を確率 p を用いた式で求めなさい。ここで N はこのゲームで初めて表が

† JIS Z 8115：2019 において“要求どおりに遂行できる状態にあるアイテムの能力”と定義されている。

出たときまでにコインが投げられた回数の確率変数とする。

【2.3】 章末問題 2.2 に示したコインを 1 枚ずつ投げるゲームにおいて，表が出る確率を $p=1/2$ とする。ちょうど k 回目に初めて表が出る確率関数 $p(k)$ と，初めて成功するまでに掛かる回数が k 回以上となる確率 $P(X \geqq k)$ を示しなさい。

【2.4】 式 (2.18) を証明しなさい。ここで $\lim_{n\to\infty}\left(1-\dfrac{\lambda}{n}\right)^n = e^{-\lambda}$ に収束する。なお，k に対して n が十分に大きければ $\dfrac{n!}{(n-k)!n^k} \fallingdotseq 1$，$\left(1-\dfrac{\lambda}{n}\right)^{-k} \fallingdotseq 1$ と考えてよい。

3
信頼性データの統計的解析

2章で紹介した信頼度や寿命分布，故障率などの評価指標の値を得るために，アイテム（システム全体やその構成部品など）の故障数や稼働時間などを観測し，そのデータを統計的に解析することが求められる。3章では信頼性評価のためのデータ解析に注目し，その特徴と統計的な解析方法を説明する。はじめに3.1節でデータを取り扱う際の注意点と整理方法を説明する。3.2節でデータを手に入れる過程で行われる信頼性試験について紹介する。つぎに3.3節と3.4節で得られたデータの特徴ごとに解析方法を説明する。また，3.5節で信頼性データの解析で多く用いられるワイブル確率紙の使い方，ならびに3.6節でワイブル確率紙を用いてパラメータを推定する信頼性試験の一つである加速試験を説明する。

3.1 信頼性データの特徴

2章で紹介した寿命分布や信頼度，故障率などの指標は，アイテムの信頼性指標として用いられるが，これらの指標の値を得るためには，2.3節に示したように，アイテムが故障した時間（または稼働していた時間）や，総観測時間内の故障数などの情報を集めることが必要である。これらのデータは，アイテムの日常的な使用における観測情報や，後述する信頼性試験などの評価試験の結果を蓄積したものであり，適切に整理して信頼性評価に用いられる。

信頼性評価のためのデータの種類を大別すると，**量的データ**（quantitative data）と**質的データ**（qualitative data）に分けられる。質的データとは，文章やイラストといった数値では表せない手段に基づく情報を分類・整理されたデータとして取り扱ったものである。例えば，故障発生時に担当者が見たり触れたりすることで作成された報告書は，報告者である担当者の視覚や触覚などの感覚（五感）に基づいて記録された文章や，カメラなどで記録された画像などの質的情報に基づいて作成され，情報の内容を整理して活用されるので質的データに当たる。これに対して，量的データは測定器などの測定結果や，カウンターなどで計数されることで数量的に表された情報に基づくデータである。先述の質的データにおいても，カテゴリに分類できる場合や，大きさ比較などによる順位で表された情報は，統計的に数量化し量的データとして取り扱うことが可能である。信頼性工学では，製品の寿命を対象とする時間データ，ならびに，決められた時間間隔内で生じた故障個数データなどの量的データを信頼性データと呼び，評価指標を得る際に用いられる。

3.1.1 データの母集団とサンプリング

例えば，製品開発における試験（テスト）や，製造段階での品質検査などにおいて，さまざまな条件に合わせて寸法や重量，負荷をかけた場合の変化量などの計測を行い評価する。また，故障が発生した場合には，その故障箇所を構成する部品などのアイテムについて，より詳しく検査や故障原因の検討などが行われ，その際にもさまざまな計測が行われる。このような一連の作業の中で得られた計測結果を信頼性工学ではデータとして取り扱う。

このときに得られたデータは，考察する対象について，現在の材料から設計や製造工程などを含めた“状況のすべて”の情報を含んでいる。例えば設計や製造工程が同じであっても，材料が不均一に供給されることで製造されたアイテムごとに重量や負荷によるたわみなどの変化量が変わることが考えられる。この考察の対象となるデータの集合全体を**母集団**（population）と呼ぶ。しかし，母集団となる対象のすべてを観測してデータ化することは困難である。そこでいくつかの**サンプル**†を採取し，そのサンプルを計測して得られたデータを調べることで母集団の分布の特徴を表す特性値（分布の平均や分散）を求める。母集団からサンプルを採ることを**サンプリング**（sampling）と呼ぶ。

† **標本**（sample）とも呼ばれる。

3.1.2　信頼性データの処理（ヒストグラムの作成）

3.1.1 項で説明したように母集団からサンプルとして集められたデータについて，その傾向を解析するために統計的な方法が用いられる。数値データが持つ傾向を調べるために行う一つの解析方法が，**度数分布表**の作成とヒストグラムの描画である。度数分布表の作成手順の例をつぎに示す。

STEP 1：階級数 m を決める　データ数 n に対し $m=\sqrt{n}$ などが知られる[†]。

STEP 2：階級の幅を求める　データの最大と最小の差を階級数で割った値を，測定データの最小単位まで切り上げる。四捨五入ではないことに注意する。

STEP 3：階級の開始値を求める　これはデータの最小値から測定データの最小単位の 1/2 を引いた値とする。

STEP 4：階級を決める　STEP 3 で求めた開始値から STEP 2 で求めた階級の幅ごとに階級の区間を決定する。また，区間の中央値 x を求める。

STEP 5：度数 f を求める　STEP 4 で決定された階級の区間内に入るデータを数え，当てはまるデータ数を度数とする。データを数える際には，例えば 4 個までを//// のように左下がりの斜線，5 個目のみ~~////~~ のように右下がりの斜線を用いて数える方法などが用いられる。6 個目は~~////~~ /となる。

【例 3.1】　25 個の採取データによる度数分布表の作成

ある観測データが**表 3.1** のように得られた。度数分布表を作成しなさい。

表 3.1　観測データ

59	49	52	49	48
51	49	59	50	57
55	54	50	47	53
47	53	52	48	55
50	46	50	56	47

---

† 階級は度数を数える際にデータを分割する区間を意味する。手順で示した平方根を用いた方法のほかにも $m=1+\log_2 n$（Sturges' rule）など，さまざまな方法がある。

解答

①　階級数を，平方根を用いた方法で決める。この例題では $m=\sqrt{25}=5$

②　階級の幅を求める。この例題では

$$(\text{最大値}\ (59)-\text{最小値}\ (46))\div 5=\frac{13}{5}=2.6$$

であるので，$\lfloor 2.6 \rfloor=3$ である。

③　階級の開始値を求める。この例題では

$$46-\frac{1}{2}=45.5$$

以上の準備をもとに度数分布表を作成すると，**表 3.2** のように表される。

表 3.2　度数分布表

区　間	中央値 (x)	度数マーク	度数 (f)
45.5〜48.5	47.0	𝍸 /	6
48.5〜51.5	50.0	𝍸 ///	8
51.5〜54.5	53.0	𝍸	5
54.5〜57.5	56.0	////	4
57.5〜60.5	59.0	//	2
		合　計	25

◆[†1]

求められた度数に基づきヒストグラムを作成すると**図 3.1** (a) のように描かれる。

度数分布表の度数は，階級間に含まれる観測データの数である。ここで，各階級の度数を全データ数で割った値は，データ全体に対するその階級の相対頻度[†2]である。もしも観測データの数が無限に存在すると仮定し，かつ，階級数を無限とすることで各級数の区間を極小とするならば，データ数の多いヒストグラムで描かれる階級 x に対する度数 f の相対頻度の変化（曲線）は，確率

†1　◆は解答の終わりを示す。
†2　生起回数の比率のこと。2.1.2 項を参照されたい。

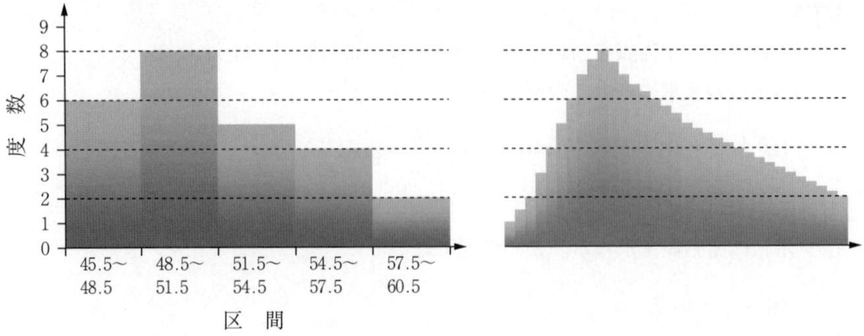

（a） ヒストグラム　　（b） データ数の多いヒストグラム

図 3.1　ヒストグラム作成例

密度関数 $f(x)$ のグラフ曲線に近似すると考えられる[†1]。例 3.1 はデータ数が 25 個の場合であるが，データ数が無限に多ければ，階級数を増やすことで階級の幅を狭ばめて，ヒストグラムは図 (b) のように値変化が滑らかな縦棒グラフが得られる。このヒストグラムの度数の変化（正確には度数によって求められる相対頻度の変化）が連続確率分布の形に近似することが予想できる。

3.1.3　信頼性データの分類方法[3)]

2.3 節の説明にある信頼性評価指標において，システム，ならびに，システムを構成する部品（コンポーネント）など，アイテムの寿命や信頼度などが時点 t に対する関数で表される。信頼性データを集めて評価する場合には，時間を単位として計る“故障時間”に注目する場合と，故障数のデータを集めて評価することで信頼性の評価に用いる場合があるが，故障数データの評価においても，故障発生数の時間的な推移を問題として注目するなど，時間の値が重要な意味を持つ。

信頼性データはその形態によって，① 時間データ，② 劣化量[†2]データ，③ 故障数データに分類される（**図 3.2**）。ここで時間データはアイテムが故障

†1　各階級の度数の全データ数に対する相対頻度を求めることで，相対頻度で描かれたグラフの面積の合計値は 1 になることに注意する。

†2　特性値が時間経過により変化（計時変化）した量。

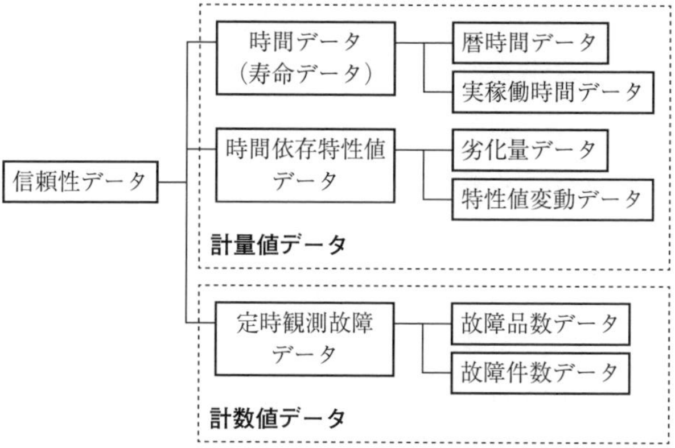

図3.2　信頼性データの分類[3)]

するまでの経時観測結果であり，連続量のデータとなる。これらデータは実数値をとるデータであり**計量値データ**と呼ばれる。

また，アイテムの特性値が時間経過によってどのように変化したのか，経時変化を観測したデータを用いる場合がある。多くの場合では，アイテムの特性値が経時的に変化する原因が劣化に起因するため，劣化量データとなる。例えば金属製品の故障原因である「摩耗」「腐食」「疲労」の観測データはいずれも劣化量データとなる。計時変化は時点 t のときの特性値 $x(t)$ の時間変化で表される場合と，初期値 $x(0)$ からの変化量 $|x(t)-x(0)|/x(0)$ で表される場合が一般的である。この特性値データも連続量の計量値データとなる。ただし特性値は周囲環境の変化などの影響で変動することがあり，これを特性値変動データとして劣化量データと区別する場合もある。

それに対し，故障数に基づく信頼性データがある。これは，アイテムを決められた時間動作させた際に発生した故障数を観測したデータ（故障数データ）になる。例えば，消化器やロケットなどのように，アイテムを一度使用するとその後使い物にならなくなる場合には，2.3.1 項で説明したように故障時間のほかに総観測時間内の故障数データを観測する。また，現場（field）から報告される情報が“1 か月ごとの故障件数”のようなデータとして，決められた期間でまとめられたものとして報告される場合も多く見られる。このとき図 2.8

に示したように，故障数は，対象としたアイテム運用中の故障回数が観測される場合と，対象とした複数のアイテムを（ほぼ）同時に運用開始してから運用中に発生した故障件数が観測されている場合がある[†1]。

故障数は数えられるため離散なデータであり，計数値データと呼ばれる。先に示した劣化量データにおいて，観測箇所で見つけられたクラック（ひび割れ）数の記録データや，劣化量を劣化の程度で分類して記録されたデータ（カテゴリーデータ）などは**計数値データ**となる。

つぎの 3.2 節で説明する“信頼性試験で観測できるデータ”は，基本的にアイテムが故障するまでの時間である。故障が発生したときに，アイテムを修理する修理系と修理しない非修理系で分類し，非修理アイテム（非修理系の交換するアイテム），修理アイテム（修理系のアイテム）と呼ぶ。このとき非修理アイテムが故障するまでの時間はアイテムの寿命であり，この平均時間が 2.3.1 項で示した平均寿命（MTTF）である。対して，修理系で観測されるのは修理アイテムが故障するまでに動作していた時間であり，この平均時間は 2.3.3 項で示した平均故障間動作時間（MTBF）である。

寿命の表現に実稼働時間の観測データを用いる場合もある。例えば自動車の走行距離や NC 工作機械の記録データが実稼働時間の観測データの例に該当する。また，継電器（リレー）や回転機（モーターやタービンなど）などのように動作回数で寿命を示す場合もあり，この場合には記録された回数が観測データ例に該当する。

3.1.4　信頼性データの特徴と種類

信頼性のデータには，その解析の目的によって，いくつかの特色がある。その性質を考慮して解析を進めることが必要になる。しかし考察対象が無限に存在するような場合の膨大なデータを集めることも難しい（特別な場合を除く[†2]）。

†1　故障の種類を分類する場合には故障件数のほうがデータとして取り扱いやすい。
†2　IoT やセンサーネットワークなどを介したビッグデータに基づく信頼性解析のアプローチも始まり，さまざまな場面で利用され始めている。

信頼性データの特徴は時代により変化があり，1989 年に執筆された真壁ら[1)]では

① データは（アイテムの）寿命データであるので，一つのデータを得るために費用が掛かる。そのため，標本の大きさ n は（一般に）小さい。

② データを一つ測定するのに寿命を測るので，時間が掛かることが多い。そして①の特徴と併せて，信頼性データの取扱いでは数と時間の「壁」がある。

③ 信頼性データは，使用状況と環境条件によって大きく変化する場合が多い。そのため，データのばらつきに加えて，使用状況や環境の違いにも注目しなければならない。

④ データを寿命の値として測定するだけでは情報が少ないので，その寿命に至るまでの**故障**（failure）や**劣化**（degradation）のメカニズムを重視しなければならない。

⑤ データにならない場合には，これを“narrative”なデータとして処理することがある。

とまとめられている。2009 年に執筆された鈴木ほか[3)]では，上述の 5 点を踏まえたうえではあるが，信頼性データをデータベースに記録するためのデータセットとして捉え，コンピュータの力を借りることでより多くの信頼性データを集め，標本の大きさが大きい場合を想定した評価が説明されている。

3.2 信頼性試験の種類

日本産業規格（JIS Z 8115：2019）の**信頼性試験**（reliability test）の定義は“信頼性の特性又は性質を分類するために行う試験”，注記として“大別して，信頼性適合試験及び信頼性決定試験に分類される”とある[†]。ここで**信頼性決**

† JIS Z 8115：2019 では「試験」の定義を“ディペンダビリティの分野において，アイテムの一つ以上の特性を決定又は検証するための手順”としており，備考として“アイテムの特性又は性質を測定し，分類するために行われる処置”と注記されている。

定試験（reliability determination test）は“アイテムの信頼性特性値を決定する試験”であり，**信頼性適合試験**（reliability compliance test）は“アイテムの信頼性特性値が，規定の信頼性要求（例えば，故障率水準）に適合しているかどうかを判定する試験”である。ここで信頼性決定試験は信頼性特性値を統計的に推定することに対応し，信頼性適合試験は信頼性特性値を統計的に検定することに対応する。

信頼性試験は製品やシステムに潜在する欠陥を検出・除去することや，信頼性が市場や顧客の要求を満たしていることを保証する目的を持つので，信頼性試験の正確さや再現性の確保が大切である。ここで試験の環境および動作条件が製品に対するストレスとなることに注目する必要がある。ここでストレスとはJIS Z 8115：2019では“アイテムが受ける影響で，その振る舞いに関わるもの”と定義されており，欠点，故障，破壊などの発生の要因がその対象である。具体的には温度，電圧，応力などがストレスの要因にあたる[6)]。

また日本産業規格では，以下の試験が細かく規定されている。

〔1〕 試験場所による分類

① **試験室試験**（laboratory test）：フィールド条件を模擬する，しないにかかわらず，指定され制御された条件で行う適合試験または決定試験。

② **試験室信頼性試験**（laboratory reliability test）：試験室で実際に使用したときの条件を模擬またか規定の動作および環境条件で行う信頼性試験。

③ **フィールド信頼性試験**（field test）：試験時に動作，環境，保全および測定の条件を記録するフィールドで行う適合試験または決定試験。

〔2〕 時間またはストレスのかけ方に注目した分類

① **耐久性試験**（endurance test）：規定のストレスおよびそれらの持続的または反復的印加がアイテムの性質へ及ぼす影響を調査するために，ある期間に渡って行う試験である。

② **寿命試験**（life test）：耐久性試験を故障が生じるまで行うときの呼称。設定環境・動作条件などの規定のストレスのもとで寿命を観測することになる。

③ **加速試験**（accelerated test）：アイテムのストレスへの反応に対する観測時間の短縮，または与えられた期間内のその反応増大のため，基準条件の規定値を超えるストレス水準で行う試験である。加速試験については3.6節で詳しく説明する。

また，JIS以外の規格であるIEC 68やIEC 605，MIL-STD-781，JASO D 001-94，JASO D 902-95など信頼性試験に対するさまざまな規格があり，注意点も異なる。これらについては本節では割愛する。

3.3 取得した信頼性データの整理方法[3]

3.2節で示した信頼性試験やフィールドデータなどで得られるデータは，つぎのいずれかの形態で取得される。

〔1〕 **故障までの動作時間（寿命データ）**　このデータは2種類に分けられる。

① **暦時間データ**：アイテムの故障時刻や修復時刻が記録されたデータ。通常のカレンダーと時計で計測できる。

② **実稼働時間データ**：アイテムの動作時間や修理時間が記録されたデータ。あらかじめ起点を決めておき，観測時と起点時の暦時間の差分として求められる。

2.3.1項で示した非修理系の場合に，横軸を時間として交換されたアイテムごとに故障までの時間を並べた図にすると**図3.3**(a)のように表される。これ

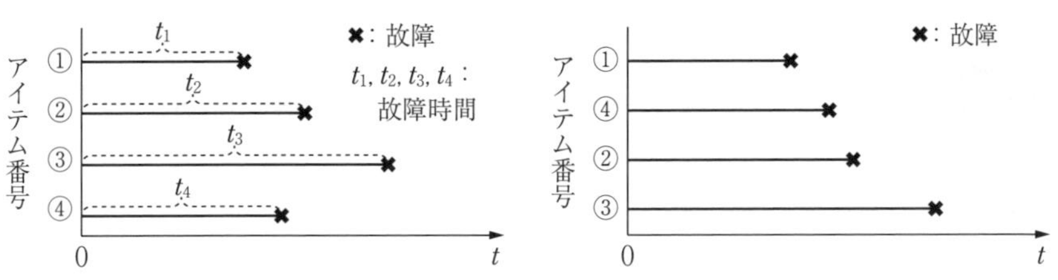

（a） アイテムごと　　（b） 故障時間順

図3.3　故障までの動作時間

は動作状態図と呼ばれる。ここで観測データが同じ母集団からのサンプルであると確認できるときには，故障発生の早い順に並べ替え，線図にすると図(b)のように表される。これはデータ解析図と呼ばれる。

〔2〕 **特性値経時変化量（時間依存特性値データ）**　**図3.4**は特性値変動データに基いて横軸を時間，縦軸を特性値として，アイテムの特性値の変化を表した図である。電子部品の時間経過に対する特性値変化などのデータが代表的である。劣化を表すデータもこの一種である。

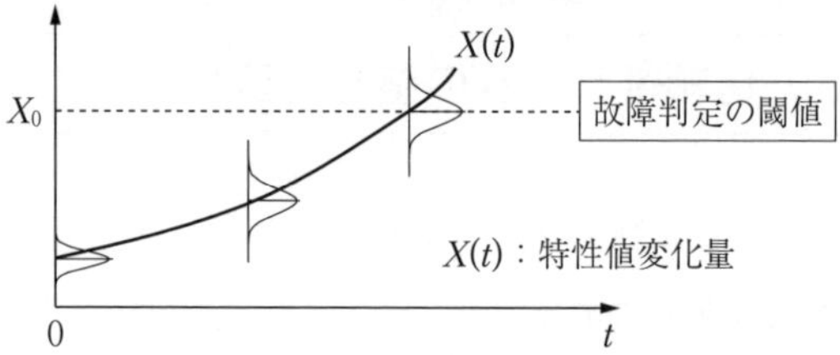

図3.4　特性値経時変化量（劣化量）

〔3〕 **規定の動作時間における故障数（定時観測故障データ）**　**図3.5**は横軸を時間とし，アイテムごとに故障した時点をプロットした図である。規定の動作時間に対する故障数データを計数したものを表す際に用いられる。

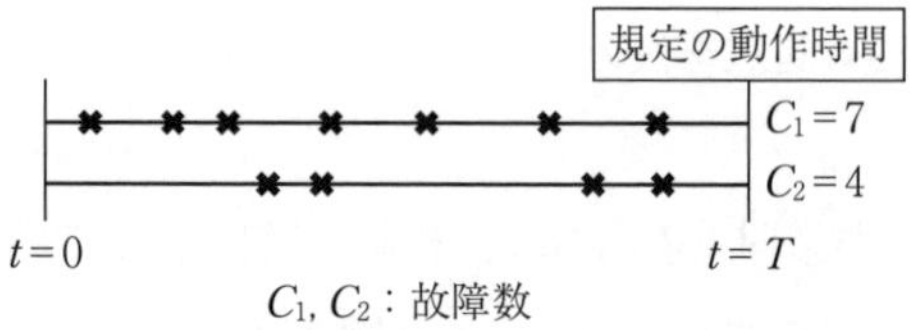

図3.5　規定動作時間における故障数

3.4 基本的な信頼性データの構造とデータ解析方法

3.4.1　信頼性データの構造

3.3節の〔1〕で，故障までの動作時間の整理法を示したが，3.1.4項で示されているとおり，信頼性データとしてアイテムの寿命データを得るためには費用と時間が掛かるため，すべてのアイテムが故障するまで試験を続けてデータを採取することは困難である。そこで，ある時点で観測を終了する（打ち切る）場合が多い。

信頼性データとして採取されたアイテムの寿命データは，観測終了時点の違いに基づき，つぎのように分類される。

〔1〕 **完全データ（標本）**　図3.3(b)で示したデータ解析図は，図3.3(a)に示したとおり①から④までのすべてのアイテムの故障データが揃っていることに基づいている。**図3.6**の例は最後のアイテム③が故障した時点 t_3 まで観測した結果を示している。このようなデータを**完全データ**と呼ぶ。

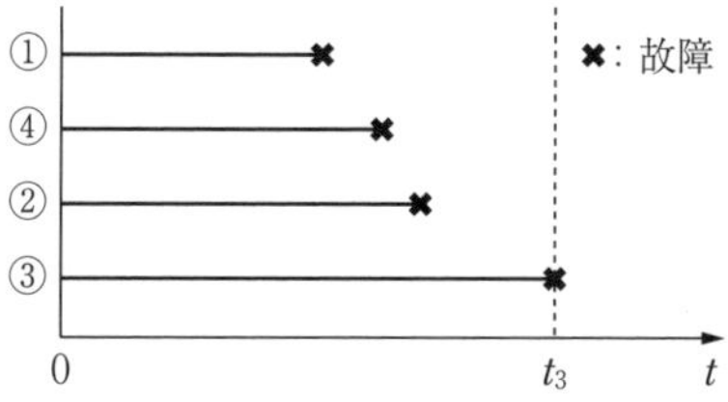

図3.6　完全データ

これに対し，以下のように観測を打ち切った場合のデータは**不完全データ**と呼ぶ。

〔2〕 **定時打切りデータ（タイプIの打切りデータ）**　**図3.7**は，あらかじめ観測終了時点（打切り時点）を T と決めておき，この時点までに故障に至らないデータがあっても試験を打ち切った場合を示している。図3.7で観測終了時点までに故障に至らなかったデータ（図の下二つのデータ）は右打切り観測値と呼ばれる。

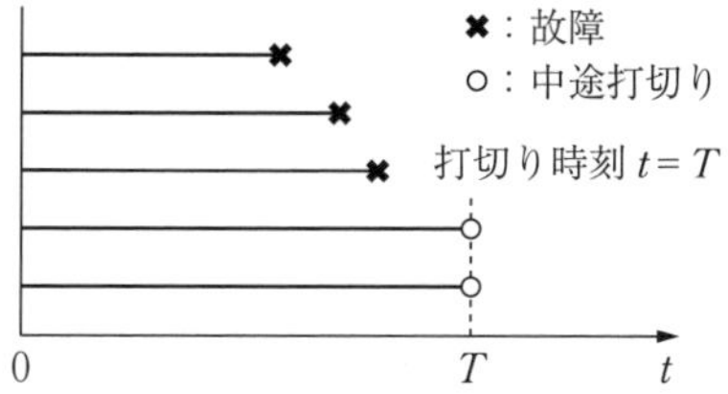

図3.7　定時打切りデータ（タイプI）

〔3〕 定数打切りデータ（タイプⅡの打切りデータ）　**図3.8** は，“サンプル5個のうち3個が故障するまで試験を続け，3個目の故障時点 t_c で観測を打ち切る”と決めて試験を行った結果である。このようにあらかじめ観測を打ち切る故障数のみを決めて行った試験において，観測終了時点までに故障に至らなかったデータ（図の下二つのデータ）は右打切り観測値である。

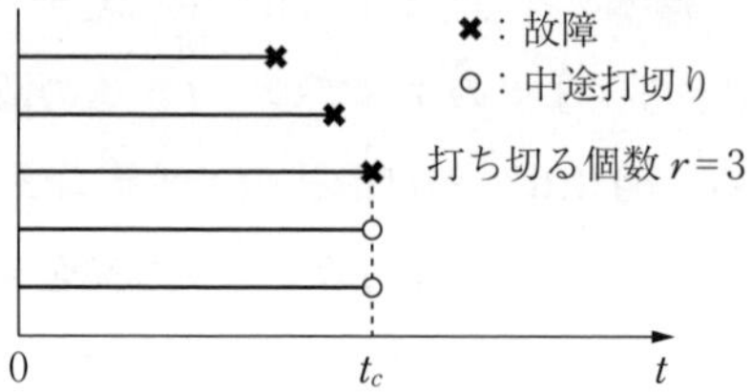

図3.8　定数打切りデータ（タイプⅡ）

このほかにも複数の期間で定時打切りが行われた場合の多重打切りデータや，競合モード（競合リスク）データ，ランダム打切りデータといった分類もある。詳細は巻末の引用・参考文献3）を参照されたい。

3.4.2　故障率と平均故障寿命の推定（指数分布の場合）

3.4.1項で信頼性データに完全データと不完全データの違いを説明したが，この違いにより，統計解析による寿命の推定方法が異なる。本項では寿命の母平均の**点推定**（point estimation）に注目して説明する。母平均の**区間推定**（interval estimation）などの統計解析方法については巻末の引用・参考文献3）が詳しいので参照してほしい。

本項では寿命分布が指数分布である場合，すなわち，バスタブ曲線の偶発故障期のように指数分布に従って故障が発生（故障事象が生起）していると考えられる場合の故障率の推定方法を説明する。アイテムの故障率を指数分布のパラメータ λ とし，時点 t に故障する確率密度関数 $f(t|\lambda)$ を2.2.5項〔1〕から

$$f(t|\lambda)=\lambda e^{-\lambda t}\quad (0\leqq t<\infty) \tag{3.1}$$

とする。故障率 λ の逆数 $\theta=1/\lambda$ を寿命分布の平均，すなわち，平均寿命(MTTF) θ として式(3.1)の λ に代入すると式(3.2)になる。

$$f(t|\theta)=\frac{1}{\theta}e^{-\frac{t}{\theta}} \quad (0 \leqq t < \infty) \tag{3.2}$$

〔1〕 **完全データの場合**　前述の寿命分布に従う n 個の機器から得られた故障時間データの標本 $(t_1, t_2, \cdots, t_n)$ から，寿命分布のパラメータである故障率 λ を推定する。このとき点推定の代表的なものとして，観測された故障時間データ $t_1, t_2, \cdots, t_n$ に対して

$$L(t_1, t_2, \cdots, t_n|\lambda)=f(t_1|\lambda)f(t_2|\lambda)\cdots f(t_n|\lambda) \tag{3.3}$$

で定義される尤度関数 L を最大にする故障率 λ を求める方法がある。これは**最尤《さいゆう》推定法**（maximum likelihood estimation：**MLE**）と呼ばれ，n 個の観測データから推定された故障率の値を最尤推定値 $\hat{\lambda}$ と呼ぶ。最尤推定を行う前に，式(3.3) に式 (3.1) の右辺を代入する。

$$L(t_1,t_2,\cdots,t_n|\lambda)=(\lambda e^{-\lambda t_1})(\lambda e^{-\lambda t_2})\cdots(\lambda e^{-\lambda t_n})=\lambda^n \exp(-\lambda\sum_{i=1}^{n} t_i) \tag{3.4}$$

ここで推定値 $\hat{\lambda}$ は $\dfrac{dL(t_1, t_2, \cdots, t_n|\lambda)}{d\lambda}=0$ を解くことで求められる。式 (3.4) の両辺に対数をとり，λ で微分すると

$$\ln L(t_1, t_2, \cdots, t_n|\lambda)=n\ln\lambda-\lambda\sum_{i=1}^{n} t_i$$

$$\frac{n}{\lambda}-\sum_{i=1}^{n} t_i=0 \tag{3.5}$$

となるので，式 (3.5) を満たす λ の推定値 $\hat{\lambda}$ は

$$\hat{\lambda}=\frac{n}{\sum_{i=1}^{n} t_i} \tag{3.6}$$

で得られる。同様に MTTF の推定値 $\hat{\theta}$ は

$$\hat{\theta}=\frac{\sum_{i=1}^{n} t_i}{n} \tag{3.7}$$

で得られる。

〔2〕 **不完全データの場合**　定数打切りデータである場合，打ち切る個数を r とすると，打ち切るまでの r 個の機器から得られた故障時間データは $t_1, t_2, \cdots, t_r$ とする。残りの $n-r$ 個の機器の故障時間は右打切り観測値として

t_r を用いる。関数 $F(t)$ は故障に至る時間の分布関数，$f(t_i|\theta)dt_i (i=1, 2, \cdots, r)$ は MTTF が θ である機器がちょうど時間 t_i で故障する確率とする。ここで n 個の機器が r 個故障する組合せは $n!/(n-r)!$ 通り存在するので，n 個の機器のうち，ちょうど r 個故障する確率 $P(t_1, t_2, \cdots, t_r|\theta)dt_1 dt_2 \cdots dt_r$ は式 (3.8) で表される。

$$P(t_1, t_2, \cdots, t_r|\theta)dt_1 dt_2 \cdots dt_r = \frac{n!}{(n-r)!} \prod_{i=1}^{r} f(t_i|\theta)dt_i [1-F(t_r)]^{n-r} \tag{3.8}$$

式 (3.8) より尤度関数 L は

$$L(t_1, t_2, \cdots, t_r|\theta) = \frac{n!}{(n-r)!} \prod_{i=1}^{r} f(t_i|\theta)[1-F(t_r)]^{n-r} \tag{3.9}$$

となる。寿命分布が平均 $\theta=1/\lambda$ の指数分布に従うならば，式 (3.2) と $1-F(t_r)=\exp(-t_r/\theta)$ であることから，$d(\ln L)/d\theta=0$ を満たす推定値 $\hat{\theta}$ が次式で得られる。

$$\hat{\theta} = \frac{\sum_{i=1}^{r} t_i + (n-r)t_r}{r}$$

同様に推定値 $\hat{\lambda}$ は

$$\hat{\lambda} = \frac{r}{\sum_{i=1}^{r} t_i + (n-r)t_r}$$

で得られ，それぞれ定数打切りの場合の θ と λ の最尤推定値となる。また，上述の式は時点 t_r で打ち切った場合の定時打切りの場合にちょうど r 個故障していた場合にも適用できることに注意されたい。

3.4.3　信頼度の推定（ノンパラメトリック推定）

つぎに，寿命分布の形によらず，故障データから信頼度を推定する方法を考える。関数 $F(t)$ の特定の寿命分布（累積分布関数）を仮定しないで信頼性データ推定する方法を**ノンパラメトリック推定**（nonparametric estimation）と呼ぶ。

〔1〕 **信頼度の点推定**　　ノンパラメトリック推定で信頼度の点推定を行う。ここで n 個の機器に対して寿命試験を t 時間行った結果，ちょうど r 個故

障した。このときの信頼度 $R(t)$ の推定値は

$$R(t)=\frac{n-r}{n}$$

で与えられる。

〔2〕 **カプラン・マイヤーの寿命推定法**　時点 $t_i(i=1,\ \cdots,\ n)$ に $t_1 \leqq t_2 \leqq \cdots \leqq t_i \leqq \cdots \leqq t_n$ の関係があり，寿命（時間）を表す確率変数を X としたとき，時点 t_i における信頼度は条件付き確率 $P(X>t_i \mid X>t_{i-1})(1 \leqq i \leqq n)$ を用いて

$$R(t_i)=P(X>t_i)=P(X>t_0)P(X>t_1 \mid X>t_0)\cdots P(X>t_i \mid X>t_{i-1})$$

となる。条件付き確率を求める際には，例えば $P(X>t_1 \mid X>t_0)$ は時点 t_0 以上稼働している製品のうち，時点 t_1 以上稼働した製品の数の割合で求める方法がある。これを時点 t_i まで順次求めることで，信頼度 $R(t_\mathrm{i})$ のカプラン・マイヤー推定量 $\hat{R}(t_\mathrm{i})$ が得られる。カプラン・マイヤー推定量は，3.4.1 項で触れたランダム打切りデータから寿命分布の信頼度を推定するときに用いられる。

3.5　ワイブル確率紙の仕組みと使い方[3)]

3.4 節で示したように，寿命分布を指数分布と仮定した場合の推定は比較的簡潔な式で表すことができる。しかし 2.3.2 項で説明したように，バスタブ曲線を描く三つの故障期の故障率を説明するためにはワイブル分布を仮定することが都合良い。しかし，観測データからワイブル分布の各パラメータを推定することは，コンピュータプログラムなどを用いなければ難しい。

3.4 節に示した解析方法のほかに，以前より信頼性試験や環境調査，市場調査などによって収集された信頼性データの解析のために技術者に重用されている方法として，**確率プロット**（probability plot[†]）がある。確率プロットは一連のデータを**確率紙**（probability paper）にプロットして図示することで，データのばらつき加減などの統計的な傾向や，ストレスに対する変動などを直感的

† quantile-quantile plot(Q-Q plot) とも呼ばれる。また probability-probability plot(P-P plot) と呼ばれる確率プロットも存在する。

に解釈することができるデータ比較方法の一つである。信頼性工学における主な確率プロットの役割として，以下が挙げられる。

① 寿命分布型の検討

② 異常値や選別の必要性の有無の検討

③ 分布特性値の推定

④ 寿命予測

これらの評価をあらかじめ準備された確率紙など†を用いることで，複雑な計算を行うことなく容易にデータ解析を行うことができる点が特徴である。

3.5 節では信頼性データ解析において最も広く用いられているワイブル分布を中心に説明する。なお，正規分布などの異なる分布型においても，確率プロットの目盛りは異なるが，打点の方法やパラメータ推定の考え方などの基本的原理は共通している。データの解析方法としては，完全データが得られた場合について説明する。打切りデータを含む場合にはデータの取扱い方法が異なるので注意されたい[6)]。その他の手順についてはほぼ同じである。

3.5.1　ワイブル確率紙の仕組み

図 3.9 にワイブル確率紙の例を示す。確率紙の軸構成は，x 軸（横軸（下））が観測値 t，y 軸（縦軸（左））が累積分布関数 $F(t)$（百分率（%）に変換された値）をそれぞれ対数目盛で振った両対数となっている。ワイブル確率紙は，観測された故障時間 t と不信頼度 $F(t)$ を x 軸と y 軸の目盛りに沿ってプロットした結果から，計算機を用いずにワイブル分布の形状パラメータ（ワイブル係数）m と尺度パラメータ η が推定できるように，横軸（上）と縦軸（右）に目盛りが振られている。次項以後に確率紙の使い方を説明するが，本項では，確率紙の理論的な背景を説明する。

ワイブル分布の累積分布関数 $F(t)$ は $t \geqq \gamma$, $m>0$, $\eta>0$ に対して，式 (3.10) で与えられる。

---

† 市販されている確率紙もあるが，最近は PC 用アプリケーションでプロットを行うケースが増えている。

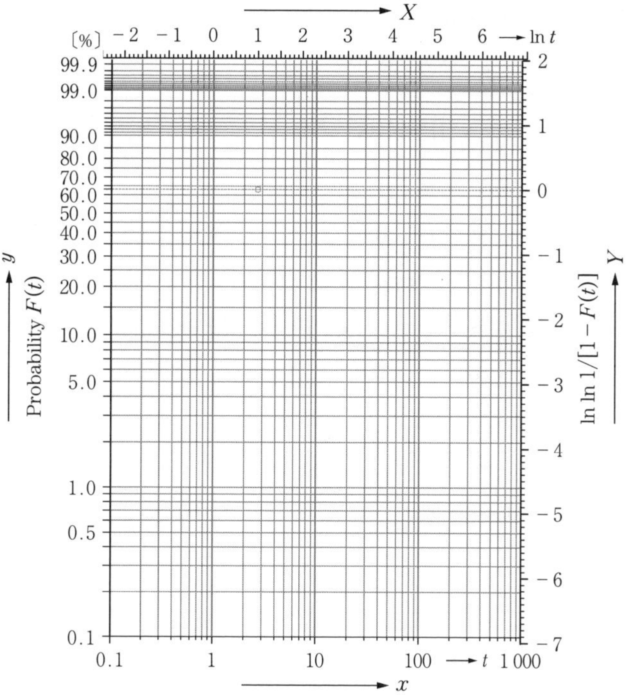

図 3.9　ワイブル確率紙

$$F(t)=1-\exp\left(-\left(\frac{t-\gamma}{\eta}\right)^m\right) \tag{3.10}$$

式 (3.10) の両辺に対数を 2 回とると，式 (3.11) が得られる。

$$\ln\ln\left(\frac{1}{1-F(t)}\right)=m\ln(t-\gamma)-m\ln\eta \tag{3.11}$$

ここで式 (3.11) に対して

$$Y=\ln\ln\left(\frac{1}{1-F(t)}\right),\qquad X=\ln(t-\gamma),\qquad B=-m\ln\eta$$

と置くことで，式 (3.11) は

$$Y=mX+B \tag{3.12}$$

の一次式で表される。図 3.9 のワイブル確率紙ではさらに，横軸（上）に $\ln t$，縦軸（右）に $\ln\ln\left(\dfrac{1}{1-F(t)}\right)$ の目盛りが等間隔で振られている。

例えば観測された $(t, F(t)) = (100, 90)$ のデータをプロットすると，横軸（上）の X 軸と縦軸（右）の Y 軸の目盛りでおおよそ

$$\left(\ln t, \ln\ln\left(\frac{1}{1-F(t)}\right)\right) = (4.6, 0.83)$$

に変換された値が読み取れる。

ここで観測データに近似する直線を引くと，横軸（上）の X 軸と縦軸（右）の Y 軸の目盛りで式 (3.12) の係数 m と切片 B が求められる。観測データの近似直線がワイブル確率紙上で交点 $(X, Y) = (1, 0)$ を通るように並行移動させると，移動した直線は座標 $(X, Y) = (0, m)$ を通ることになるので，Y 軸の目盛りでパラメータ m が推定できる。

以上の関係を踏まえてワイブル確率紙に観測データの累積分布関数と故障時間（寿命）の組を目盛りにしたがってプロットすれば，式 (3.11) からの変数変換をしないで済む。

3.5.2　プロットの手順

ワイブル確率紙へのプロットを行う際のデータは，累積分布関数 $F(t)$ と故障時間 t の組である。なお，ここでは簡単にするために $\gamma=0$ と仮定する。故障時間の観測値はそのまま用いることができるので，それぞれの観測値に対する $F(t)$ の推定値を求めればプロット可能となる。3.5.1 項に記述したとおり，$F(t)$ の値は故障時間 t の不信頼度（累積故障確率）である。信頼性データの解析に際しては，3.4 節に示したように故障時間の大きさ（長さ）の順に並べ替える。

故障時間 t はその観測形態によって以下の 2 種類に大別される。

① 故障発生を経時的にモニターし，故障が生じた時点そのものを観測したもの。

② 故障時点とは無関係に人為的に設定された観測時点と，その時点での故障発生数によるもの。

前者を**実測値データ**，後者を**区間データ**と呼び，$F(t)$ の推定方法がそれぞれ

異なる。

〔1〕　**実測値データの $F(t)$ の推定方法**　　試験サンプル数 n 個の信頼性試験を行い，すべてのサンプルで故障が観測された，すなわち完全データが得られた場合を考える。また，故障時点が直接観測できる実測値データの場合とする。このデータを大きさの順に並べ，小さいほうから i 番目のデータに対する不信頼度 $F(t)$ の累積分布関数の推定値を求める。なお，同値のデータも省略せず，その数だけ並べることに注意する。この場合の最も単純な累積分布関数の推定方法は i/n を求める方法である。しかし，最小値から最大値に向けて並べ替えた場合の i 番目のデータは，最大値から最小値に向けて数えた場合に $n-i+1$ 番目のデータということで，両者の和が $n+1$ となり不具合が生じる。また n 番目のデータは $n/m=100\%$ となってしまい確率紙にプロットできない。そこでメディアンや平均の推定値を用いることが多い。これはそれぞれメジアンランク法と平均ランク法と呼ばれ，小さい方から i 番目の故障時点に対する不信頼度 $F(t)$ の推定値が次式で求められる[3)]。

$$\text{経験分布：}\frac{i}{n}$$

$$\text{メジアンランク法：}\frac{i-0.3}{n+0.4}$$

$$\text{平均ランク法：}\frac{i}{n+1}$$

いずれの方法が適するかは，推定したい特性値により異なる。一般論としてはサンプル数により $n \leqq 20$ の場合にはメジアンランク法，$n>20$ の場合には平均ランク法，サンプル数が十分に大きい場合には経験分布の値を用いても良いとされる[3)]。メジアンランク法は近似式を示しているが，厳密には不完全ベータ関数比を用いて求められ，パーセントランク表として与えられている[†]。

〔2〕　**区間データの $F(t)$ の推定方法**　　故障の発生時点をリアルタイムに検出することが難しい場合（例えば，電子部品などの寿命試験）では，あらかじめ設定した時点（例えば，時点 t_0 と t_1）における検査でそれぞれ故障数を判

†　詳細は巻末の引用・参考文献 3）参照してほしい。

定することで，時間間隔 (t_0, t_1) の故障数を求めることができる。この場合のデータは区間データに当たる。時点 t に対する累積分布関数 $F(t)$ を求めるためには

$$\hat{F}(t)=\frac{\text{故障時間が}\,t\,\text{時間以下の累積故障数}}{n} \tag{3.13}$$

とすればよい。

〔3〕 **ワイブルプロットの手順**　〔1〕〔2〕で示した $F(t)$ の推定値をもとに，ワイブル確率紙へのプロット方法とワイブル確率紙によるパラメータの推定方法を，3.5.1項で説明したワイブル確率紙の仕組みを踏まえて以下に示す。

STEP 1：$F(t)$ の推定　時点 t の実測データから累積分布関数 $F(t)$ の推定値 $\hat{F}(t)$ を求める（推定方法は先に述べた〔1〕〔2〕を参照）。

ここで25個の故障発生時点のデータがあるとする。最初のサンプルが故障した時点は開始から65時間，2番目に故障したサンプルが110時間の時点で故障したとする。ここで平均ランク法を用いて推定値 $\hat{F}(t)$ を求めると

$$\hat{F}(65)=\frac{1}{25+1}\fallingdotseq 0.038,\quad \hat{F}(110)=\frac{2}{25+1}\fallingdotseq 0.077$$

と求められる。

STEP 2：$(t, \hat{F}(t))$ のプロット　$(t, \hat{F}(t))$ の組のデータを，ワイブル確率紙上の累積分布関数 $F(t)$ の百分率（縦軸（左））と時間軸（横軸（下））の値を見て打点する。

STEP 3：プロットされた点への直線の当てはめ　プロットされた点に直線を当てはめ，ほぼすべてのプロットされた打点がこの直線の近くに位置することを確認する。実測値データの場合，推定値 $\hat{F}(t)$ はサンプル数 n が決まれば〔1〕で示した推定方法により求められる。そして，**図3.10**のように直線Aと打点の水平距離が最小化されるように直線を引く。直線を当てはめる際には，累積分布関数 $F(t)$ が30%から90%の範囲のデータに重点をおいて線引きするとよい[3)]。初期故障に着目する場合には，$F(t)$ の小さい領域の打点を重視する。ただし，この場合にはデータのばらつきが大きく，推定誤差が大きい可

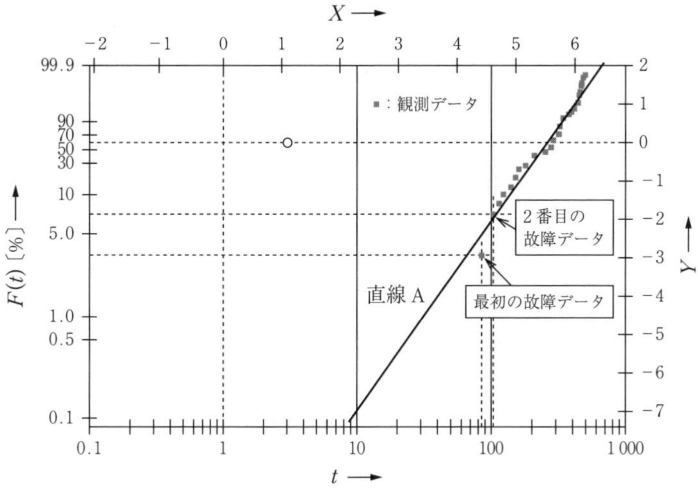

図 3.10　実測値データへの直線の当てはめ

能性があることに留意が必要である。

図 3.10 はすべての結果を STEP 1 と STEP 2 でデータプロットし，STEP 3 で直線の当てはめが行われた図である。つぎの**図 3.11** は，続けて STEP 4 以降の推定の手順を示した図である。

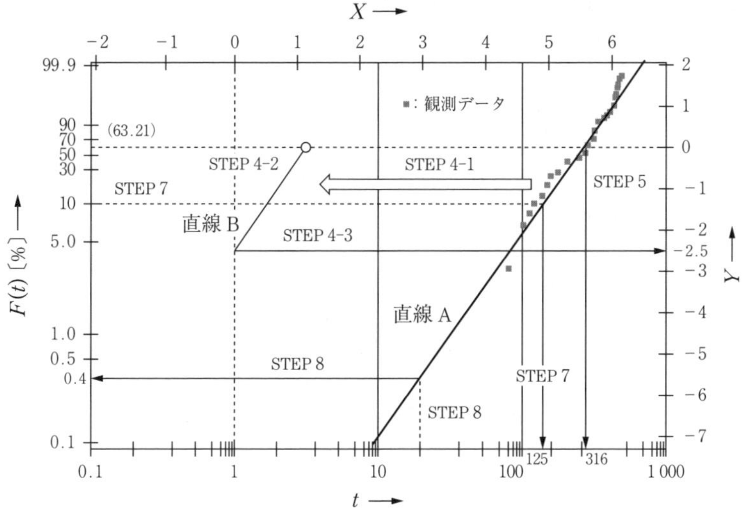

図 3.11　パラメータ推定

STEP 4：補助軸を用いた形状パラメータ $\boldsymbol{m}$ の推定　　変換後の X-Y 座標系における直線の傾きを求める。この傾きが形状パラメータ m の推定値 $\hat{m}$ を与える。ワイブル確率紙には推定を容易にするため

$$Y=\ln\ln\left(\frac{1}{1-F(t)}\right)$$

の補助軸が縦軸（右）に用意されている。補助軸を用いた推定手順は以下のようになる。

STEP 4-1：推定点（確率紙の中央左上にある横軸（上）と縦軸（右）の交点 (1, 0) の○印）を通り，直線 A に平行な直線 B を引く。

STEP 4-2：直線 B と横軸（上）にある目盛り 0 との交点を求める。

STEP 4-3：求めた交点から水平線を右側に伸ばして縦軸（右）の目盛りを読む。読み取った値の絶対値が m の推定値 $\hat{m}$ を与える。図 3.11 では $\hat{m}\fallingdotseq 2.6$ を示していることが読み取れる。

STEP 5：尺度パラメータ $\boldsymbol{\eta}$ の推定　　直線 A と補助軸（縦軸（右））の $Y=0$ との交点から時間軸（横軸（下））に垂線を下ろし，目盛りを読む。読み取った値が尺度パラメータ η の推定値 $\hat{\eta}$ を与える。図 3.11 では $\hat{\eta}\fallingdotseq 316$ となっている。

STEP 6：$\boldsymbol{\mu}$ の推定　　MTTF を推定する。ワイブル分布の平均 μ は次式で与えられる。

$$\mu=\eta\times\Gamma\left(1+\frac{1}{\hat{m}}\right) \tag{3.14}$$

すなわち，STEP 5 で得られた推定値 $\hat{\eta}$ と STEP4 で得られた推定値 $\hat{m}$ に対するガンマ関数の値

$$\Gamma\left(1+\frac{1}{\hat{m}}\right)$$

の積で推定値 $\hat{\mu}$ を与える。図 3.11 では $\hat{\eta}=11$, $\hat{m}\fallingdotseq 2.5$ となっているので

$$\hat{\mu}=\hat{\eta}\times\Gamma\left(1+\frac{1}{\hat{m}}\right)\fallingdotseq 2.5\times 0.8873\fallingdotseq 280$$

となる†。

†　ガンマ関数 $\Gamma\left(1-\frac{1}{\hat{m}}\right)$ の値は Excel などを用いて求めなければならない。

図 3.9 のワイブル確率紙には記述されていないが，ワイブル確率紙によっては縦軸（右）の補助軸のさらに右側に μ/η 尺が準備されている場合がある。STEP 4-3 で引いた水平線を μ/η 尺まで伸ばして交点を求め，推定値 $\hat{\eta}$ を掛けて $\hat{\mu}$ を推定することができる。

STEP 7：B_{10} ライフの推定　B_{10} ライフは 2.3.1 項に示したとおり $F(t)=0.1$ を満たす t を求めるので，縦軸（左）の $F(t)=10\%$ の目盛りから水平線を引き，直線 A との交点から下へ垂線を下ろし，時間軸（横軸（下））の目盛りを読む。図 3.11 では $\hat{B}_{10}=125$ となっている。

STEP 8：時点 t_0 における信頼度 $R(t_0)$ の推定　時点 t_0 における信頼度 $R(t_0)$ を求める。時間軸（横軸（下））における目盛り t_0 から垂線を上に伸ばし，直線 A との交点から左に水平線を伸ばして縦軸（左）の目盛りを読む。これが累積分布関数の推定値 $\hat{F}(t_0)$ となるので，$\hat{R}(t_0)=1-\hat{F}(t_0)$ により推定値 $\hat{R}(t_0)$ を得る。図 3.11 では $\hat{R}(20)=1-0.004=0.996$ となる。

区間データの場合には STEP 3 の直線 A の当てはめにおいて注意が必要である。区間データの打点においては誤差を仮定する方向が変わる。区間データの場合，確定される値は観測時点 t_i，推定値 $\hat{F}(t_i)$ が確率変数に対応する。したがって直線 A と打点の鉛直方向の距離が最小化されるように直線を引く。

また，ここまでの説明はデータが完全データであることを前提に記述している。不完全データである場合には，全体のサンプル数 n は打ち切られたデータも含めた全サンプル数で $F(t)$ の推定を行うが，打切りデータを確率紙に打点せず，実際に観測された故障時点のみを打点することに注意が必要である[6)]。

〔4〕 **データが直線上に並ばない場合**　実際の信頼性データ解析の場合には，得られたデータのプロットがワイブル確率紙の上で直線上に並ばない場合も多い。特に信頼性データのデータ数（サンプル数）が少ない場合には直線性の判定が難しい。このような場合の対処については信頼性データの特徴を十分に踏まえた検討が必要となる。直線上に並ばない理由として，例えば以下のような可能性が挙げられる[4)]。

① ワイブル分布以外の寿命分布である可能性

② ワイブル分布の位置パラメータ $\gamma \neq 0$ の可能性

③ 混合型ワイブル分布の可能性

④ 複合型ワイブル分布の可能性[3),5)]

⑤ 競合する複数個の故障モードの存在の可能性[3)]

これらの可能性についての詳細は巻末の引用・参考文献5）を参照してほしい。

3.6 加速試験[6)]

3.1.2項で示されているとおり，アイテムの寿命データを得るためには費用と時間が掛かる“数と時間の壁”があるため，すべてのアイテムが故障するまで試験を続けてデータを採取することは困難である。

加速試験は“数と時間の壁”の問題に対する一つの方法であり，JIS Z 8115：2019では“ストレスに対する反応が生じるのに必要な期間を短縮させるために，所定の動作条件下で生じるストレス水準，又はストレス印加率を超えて実施する試験”と定義されている。また注記に“試験では，基本的な故障モード，故障メカニズム，又はこれらの相対的な関係を変更しないことが望ましい”とあることに注意してほしい。

製品の寿命を検証する加速試験におけるストレスによる加速条件下と規定条件下でのストレス反応速度の比を**加速係数**と呼ぶ。例えば時間加速係数 A_L は，相対的に同じ条件と考えられる†基準条件のストレス S_1 と加速条件のストレス S_2 において，それぞれ等しい累積故障百分率に達するまでの試験時間で求められる。

また，**図3.12**で示したような，基準となる通常試験（ストレス S_1）のデータに当てはめた直線と，加速試験（ストレス S_2）のデータに当てはめた直線を用いて，等しい累積故障百分率（図3.12では85%）で求められるストレス

† 例えば，寿命がワイブル分布に従うならば，両者の形状パラメータ m が等しい。または，ワイブル確率紙上の打点の傾きの傾向が同じであるなど。

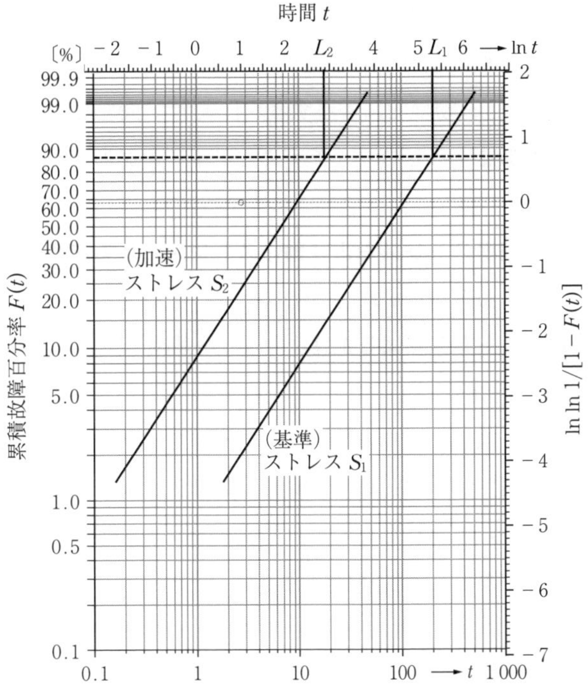

図 3.12　ワイブル確率紙による L_1/L_2

S_1 の寿命時間 L_1 と，ストレス S_2 の寿命時間 L_2 の比で求められる。このとき A_L は

$$A_L = \frac{L_1}{L_2}$$

となる。

ここで基準条件におけるストレス S_1 に対し，加速条件のストレス S_2 は，例えば利用環境の温度や圧力を高く設定するなど厳しい環境条件でストレスが大きくなるように設定する。すなわち $S_2 > S_1$ となるので，ストレスの増大が稼働時間を縮める（寿命を加速する）ならば，$L_1 > L_2$ であるから $A_L > 1$ となる。寿命を加速するには，つぎのような方法が挙げられる。

① （故障メカニズムが変わらない範囲で）ストレスを増大させる。例えば環境の温度を上げることなどが挙げられる。

② 特性の判定を厳しくする。

③ 動作速度を速めるなどをすることで時間加速を行う。

加速係数 A_L の構造を物理的に考察する，代表的な加速モデルを列挙する。

① **温度による加速**：アレニウスモデル，アイリングモデル，寿命半減則モデルなど。

② **そのほかの環境ストレスおよび動作ストレスによる加速**：パワー則モデル，べき乗則モデル，n 乗則モデルなど。

③ **動的繰返しストレスによる加速**：マイナー則モデル，線形累積損傷モデルなど。

ここで温度による加速モデルの代表としてとして，**アレニウスモデル**と**アイリングモデル**を説明する。はじめにアレニウスモデルは，化学反応の速度が温度に依存する性質から導かれたもので，温度ストレスに関する経験則として利用される。このモデルによる加速係数 A_L は

$$A_L = \frac{L_1}{L_2} = \exp\left\{\frac{\Delta E}{k}\left(\frac{1}{T_1} - \frac{1}{T_2}\right)\right\} \tag{3.15}$$

で得られる。ここで

ΔE：劣化の活性化エネルギー〔eV〕

k：ボルツマン定数　8.613×10^{-5}〔eV/K〕

T_1：基準条件（ストレス S_1）の絶対温度〔K〕

T_2：加速条件（ストレス S_2）の絶対温度〔K〕

である。

アイリングモデルは熱平衡論から導かれるモデルである。このモデルによる加速係数 A_L は

$$A_L = \frac{T_2}{T_1} \exp\left\{\frac{\Delta E}{k}\left(\frac{1}{T_1} - \frac{1}{T_2}\right)\right\} \tag{3.16}$$

で得られる。アイリングモデルはアレニウスモデルに T_2/T_1 を掛けたモデルであるが，多くの実用的な試験条件では T_2/T_1 の値が 1 に近付くため，アレ

ニウスモデルを利用することが多い[3]。

また，加速係数として JIS Z 8115：2019 では，基準条件（ストレス S_1）の故障率 λ_1 と加速条件（ストレス S_2）での故障率 λ_2 を用いて，故障率加速係数 A_λ を次式で定義している。

$$A_\lambda = \frac{\lambda_2}{\lambda_1}$$

ストレスが増大することで故障の発生頻度が増加するならば，故障率が増加するので $\lambda_2 > \lambda_1$ となる。すなわち $A_\lambda > 1$ となる。

3.7　バーンインとスクリーニング，デバギング[6]

2.3.2 項で示したバスタブ曲線を考えると，製品の初期故障期は多くの故障が発生する。これは大量生産を行う製品において，初期故障期の出荷単位，すなわちロットの中に欠陥品が多く含まれることを意味する。

ロット単位で製品を出荷するにあたり，顧客に保証する一つとして，**スクリーニング**（screening）によってロットの中に少量混在している欠陥品を除去する方法がある。このとき，完成したシステムやソフトウェアを一定時間稼働させて，潜在する不具合を摘出・除去する方法を**デバギング**（debugging）と呼ぶ。

また，全部品に一定期間のストレスを加えて，初期に故障するアイテムを検出・除去することで保証の水準を高める方法は**バーンイン**（burn-in）と呼ばれる。これは“ならし”とも呼ばれる。これらはいずれも品質保証のための重要な作業である。このほかにも目視や非破壊試験によって全数選別を行う方法もある。

章　末　問　題

【3.1】 **表 3.3** に示した 100 個のデータについて，度数分布表とヒストグラムを作成しなさい。

表3.3　データ（100個）

郡	x1	x2	x3	x4	x5
1	52	54	55	57	57
2	50	53	55	55	57
3	52	55	55	56	63
4	51	52	53	54	55
5	52	53	55	56	56
6	51	55	56	57	58
7	50	53	57	58	58
8	46	55	55	55	60
9	48	52	55	55	57
10	51	53	55	55	56
11	56	56	57	58	59
12	53	54	54	57	62
13	52	52	55	56	59
14	52	52	55	55	58
15	52	53	57	58	59
16	51	52	55	56	58
17	50	54	55	56	57
18	53	53	56	57	58
19	49	52	54	54	58
20	54	55	56	57	58

【3.2】 あるアイテムの寿命を観測した結果からヒストグラムを作成したところ，**図 3.13** のようになった。ここで横軸は寿命時間 $t(\times 10^3\,\mathrm{h})$，縦軸は時間間隔 (t_i, t_{i+1}) における度数 $C(t_i, t_{i+1})$ を表している。また，時間間隔 (t_i, t_{i+1}) の中央値を $\hat{t}_1$ とする。このとき，観測結果から予想される寿命分布の平均寿命 $\widehat{\mathrm{MTTF}}$ を求めよ。

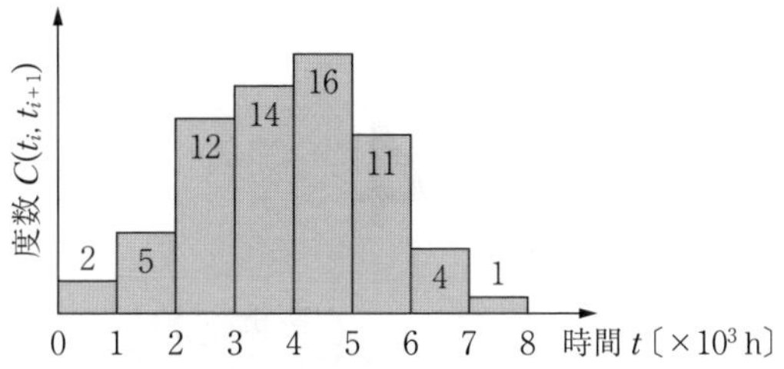

図 3.13　寿命データのヒストグラム

【3.3】　コインを 100 回投げた結果，60 回表が出た。このコインを用いた場合に表が出る確率 p の推定値 $\hat{p}$ を最尤推定で点推定しなさい。ただし，100 回のコイントスを行った結果は二項分布に従うものとする。

【3.4】　サンプル数 $n=10$ の寿命試験の結果（**表 3.4**）に基づき，経験分布，メジアンランク法の近似式，および平均ランク表を用いて累積分布関数 $F(t)$ の推定値 $\hat{F}_1(t)$ を求めなさい。

表 3.4　10 個の寿命データ（観測値）

サンプル番号 i	1	2	3	4	5	6	7	8	9	10
故障時点 t_i	5.0	6.3	7.4	9.7	9.9	10.0	11.6	12.5	13.8	18.2

【3.5】　部品 30 個の寿命試験の結果，**表 3.5** のように観測された故障数の区間データに基づき，累積分布関数 $F(t)$ の推定値 $\hat{F}(t)$ を求めなさい（小数点以下 3 桁まで求める）。

表 3.5　区間データと度数表

番号	観測時点〔h〕	故障数〔個〕	累積度数〔個〕
1	24	0	0
2	48	2	2
3	168	3	5
4	250	7	12
5	500	10	22
6	750	5	27
7	1 000	2	29
8	2 000	1	30
合計		30	

4

システム信頼性

近年の製品やシステムは，数多くの構成要素[†]から成り立っており，その一部に高信頼度の部品を使っても，システム全体の信頼度が必ずしも高くなるとは限らない。逆に，低信頼度の構成要素でもその構成を工夫することにより，高信頼度システムの構築が可能となる。システム全体の信頼度と構成要素の信頼度の関係を明らかにすることは，信頼性設計では重要である。

本章では，各構成要素の故障は互いに独立に起きると仮定し，基本的な構造のシステムにおける，構成要素の信頼度とシステムの信頼度との関係を明らかにし，高信頼性システム設計について考える。4.1 節では基本的なシステム構成である直列システムと並列システムの信頼度の求め方や複雑なシステムへの応用を，4.2 節では一般的な解析手法の一例を，4.3 節ではシステム信頼性を高めるための冗長システム設計とその信頼性評価方法を，4.4 節では冗長システム設計の留意点に関して述べる。

4.1 信頼性ブロック図と直列システム，並列システム[1)-3)]

複数の構成要素からなる機器や装置を総称して**システム**と呼ぶ。システムとその構成要素の機能的，構造的関係を示す図を**信頼性ブロック図**と言う。信頼性ブロック図（図 4.1，図 4.6 など）では，システムの構成をブロック線図で表し，各要素の信頼性が，システム全体の正常稼働や故障にどのように影響す

† 2.3.1 項の脚注でも述べたように，JIS Z 8115：2000 では“ディペンダビリティの対象となるシステム（系），サブシステム，機器，装置，構成品，部品，素子，要素などの総称又はいずれかを“アイテム”と定義している。”が，本章ではシステムを構成する部分（サブシステム，機器，装置，構成品，部品など）を“要素”と称する。

るかを調べるのに使われる[†]。

システム全体の信頼度はそれを構成している要素の信頼度とその構成方法から求められる。システムを考えるうえで最も基本的な各要素の構成方法は直列システムと並列システムである。

4.1.1　直列システムの信頼度

直列システムとは，構成要素すべての機能が正常であることが前提となるシステムである。**図 4.1** に直列システムを示すが，構成要素のなかの一つでも故障するとシステム全体が故障に陥る。

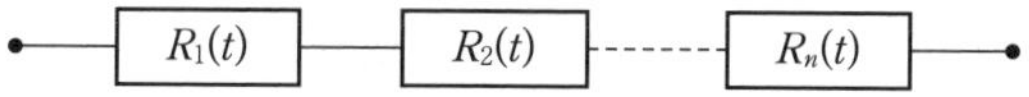

図 4.1　直列システム

すなわち，最初に故障する構成要素の寿命でシステム全体の寿命が決まってしまうことになる。したがって，直列システムの信頼度は，n 個の構成要素すべてが故障しない確率として計算でき，各構成要素の信頼度の積で求めることができる。

例えば，**図 4.2** のように信頼度 98％の要素三つで構成される直列システムの信頼度 R は，以下の計算で求められる。

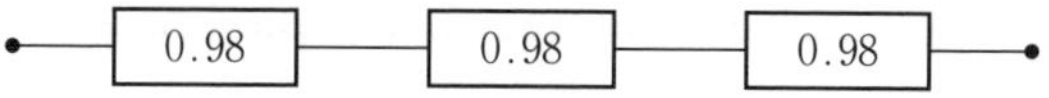

図 4.2　直列システムの例

$$R = 0.98 \times 0.98 \times 0.98 = 0.941 \tag{4.1}$$

すなわち，各構成要素が 0.98 の高信頼度であったとしても，三つ直列に構成することでシステムの信頼度は 0.941 に下がってしまう。上記の例から，一般に直列システムの信頼度関数 $R_{S,n}(t)$ は，式 (4.2) のようになる。

$$R_{S,n}(t) = \prod_{i=1}^{n} R_i(t) = \prod_{i=1}^{n} \exp\left\{-\int_0^t \lambda_i(x)dx\right\} \tag{4.2}$$

† 2.3 節を参照のこと。

ここで，$R_i(t)$, $\lambda_i(t)$ は，構成要素 i の信頼度，故障率である。なお，式 (4.2) 右辺において，2 章で述べた偶発故障期（constant failure rate：CFR）の場合を考えると，故障率 $\lambda_i(t)$ は一定であるから，各構成要素の信頼度 $R(t)$ に対する右辺は，$\lambda(x) \equiv \lambda$ として

$$R(t) = \exp\left\{ -\int_0^t \lambda(x)dx \right\} = \exp\left\{ -\lambda \int_0^t dx \right\} = e^{-\lambda t} \tag{4.3}$$

のように**指数分布**になる。式 (4.2) , 式 (4.3) からもわかるように，直列システムの場合，構成要素の数が増えれば増えるほどその信頼度が低下していくことになる。

【例題 4.1】　**図 4.3** の (a)，(b) は各構成要素の信頼度の和が等しい要素で構成された直列システムである。このとき，それぞれの直列システムの信頼度を求め，比較しなさい。

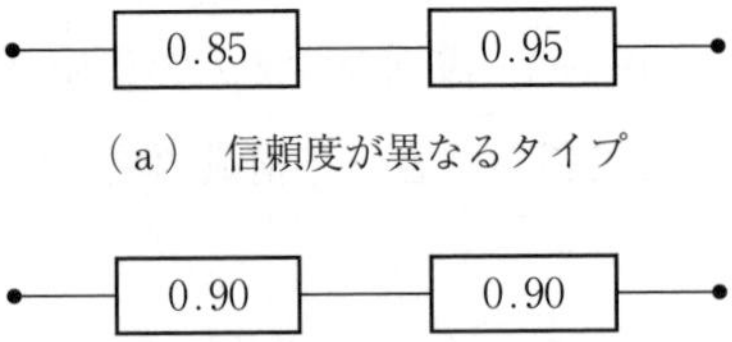

（a）　信頼度が異なるタイプ

（b）　信頼度を揃えたタイプ

図 4.3　二つの直列システム

解答　(a)，(b) それぞれの信頼度は以下のようになる。

（a）　$R = 0.85 \times 0.95 = 0.8075$

（b）　$R = 0.90 \times 0.90 = 0.810$　◆

すなわち，直列システムでは，一つの要素の高信頼度化を図るよりも，両方の信頼度を揃えるように低信頼度要素の改善を図るほうがシステム全体の高信頼度化に寄与することになる。

4.1.2　直列システムの故障率

修理系では，故障時は修理をして再使用することが可能であるから，信頼度

よりも単位時間あたりの故障回数である**故障率**が重要である。直列システムでは，各構成要素の故障率から，システムの故障率を容易に求めることができる。

直列システムでは，**図 4.4** に示すように，構成要素が故障するときに必ずシステムが故障することから，構成要素の故障回数の合計回数だけ，システムが故障することになる。すなわち，n 個の構成要素の各故障率 λ_{i} と直列システムの故障率 λ_{s} との関係は，$\lambda_{\mathrm{s}}=\lambda_1+\lambda_2+\cdots+\lambda_{\mathrm{n}}$ となり，一般に式 (4.4) が成り立つ。

$$\lambda_{S,\,n}=\sum_{i=1}^{n}\lambda_i \qquad (4.4)$$

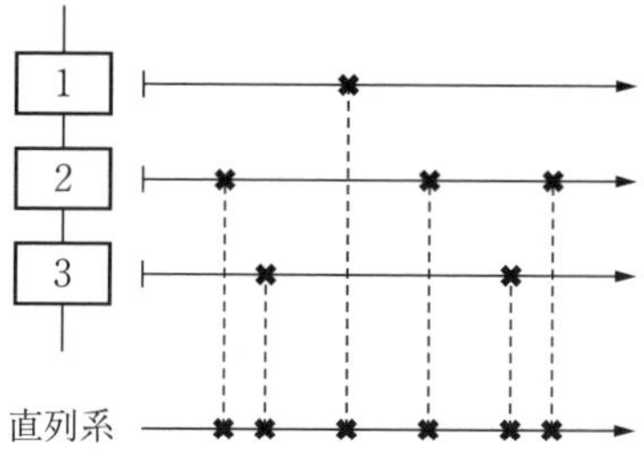

図 4.4 直列システムの故障率

また，このとき，故障率が MTBF_i（第 i 構成要素の MTBF を表す）の逆数であることから，式 (4.4) を MTBF で表せば，指数分布においては

$$\frac{1}{\mathrm{MTBF}}=\frac{1}{\mathrm{MTBF}_1}+\frac{1}{\mathrm{MTBF}_2}+\cdots+\frac{1}{\mathrm{MTBF}_n}$$

となり，直列システムの構成要素の MTBF_i とシステム全体の MTBF との間の関係が得られる。構成要素が同等のものであれば

$$\mathrm{MTBF}=\frac{\mathrm{MTBF}_1}{n}$$

となり，MTBF は $1/n$ になる。

また，式 (4.4) から，直列システムの故障率は各構成要素の和となり，平均寿命はつぎのように表すことができる。

$$平均寿命=\frac{1}{\sum_{i=1}^{n}\lambda_i}$$

4.1.3　直列システムの高信頼度化

前項で，直列システムでは構成要素が多くなるほど，信頼度が低下することを示したが，機能達成のために直列システムが必要不可欠な場合，いかに信頼度の低下を回避するかが課題となる。このためには，構造の一体化と故障率自身の低減による二つの方法が考えられる。

〔1〕 **部品点数の削減・構造の一体化**　　構成要素の多い電子回路や大型機械では，機能の共通化による簡素化や単純化，構造の一体化などにより，可能な限り構成要素を削減することが高信頼度化につながる。例えば，部品の結合にネジ止めが行われている場合，鋳造による一体化や溶接による一体化などが，信頼度の向上やコストの削減に寄与する場合がある。

〔2〕 **故障率の低減**　　部品点数の削減には限界があるため，各構成要素・部品の故障率の低減自体を考える必要もある。この場合，故障率に影響を与える外部環境からのストレス（加重，温度，圧力，紫外線など）の影響遮断と各構成要素のそれらのストレスに対して機能を維持できる強度の強化という二つの方法が考えられる。

図 4.5 に使用開始からの運用時間と強度，環境ストレスの一般的な変化を示す。図に示すように強度曲線が環境ストレス曲線よりも大きい場合は，安全余裕を持っているが，時間経過とともに強度が低下し，両曲線が交差するように

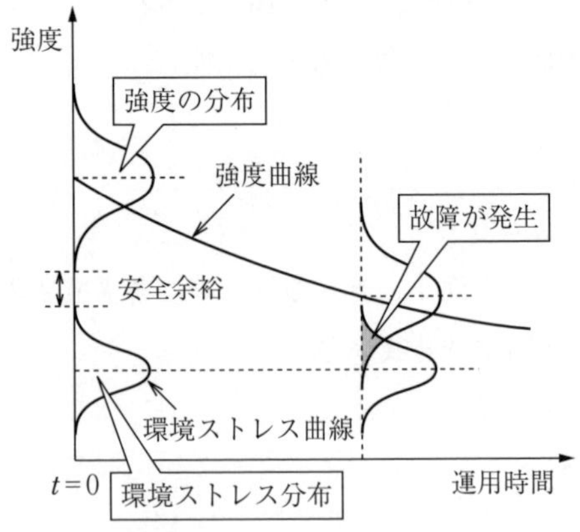

図 4.5　ストレス–強度モデル

なると故障が発生する可能性が高くなっていく。

そのため，故障率を低減するために，以下の方法がとられる。

① **各構成要素の強度の向上**：各構成要素の材質の変更による強度向上や寸法変更による加わる応力（単位面積あたりの加重）の低減などで，故障に至るまでの耐久性を向上し，故障率を低減する。

② **環境ストレスの低減**：外部環境からのストレス（加重，温度，圧力，紫外線など）を回避または遮断することにより，影響を小さくする方法で，例えば，空調による温度調節や，遮蔽板による紫外線の遮断などにより，外部環境からの影響を減らし，故障率の低減を図る方法である。しかし，屋外に設置されたシステムでは，昼夜や年間の温度差など環境ストレスが周期的に変動する場合や地震など予測がむずかしいストレスが加わる場合があり，これらの評価，制御が難しいことがある。

4.1.4 並列システムの信頼度

並列システムとは，少なくとも一つの構成要素が正常に稼働していれば，システム全体が稼働するシステムである。したがって，一番最後に故障する構成要素の寿命でシステム全体の寿命が決まる。このような並列システムの信頼度を求めるには，例えば三つの構成要素が並列システムを構成する場合を考えると

① すべての構成要素が正常である。

② そのうちの二つの構成要素が正常である。

③ 一つの構成要素が正常である。

上記のどの場合もシステムとしては機能を果たすことができる。すなわち，①，②，③のそれぞれの信頼度を求め，それらの和を求めることで，並列システムの信頼度を求めることができる。ただし，構成要素が増えていった場合，この計算は煩雑になってくる。

そのため，通常，確率における**余事象**の考え方“並列システムを構成するすべての要素が故障している場合以外は，必ずどれかの要素が正常である”を使

い，すべての要素が故障している確率を求め，全体の1からその値を減ずることにより，どれかが正常である確率を求め，並列システムの信頼度を求める。

n 個の構成要素からなる並列システムの信頼度を考えると，n 個の構成要素がすべて故障するときのみシステムが故障状態になる。この並列冗長システムの信頼度関数 $R_{P,n}(t)$ は，式(4.5)のようになる。

$$R_{P,n}(t)=1-\prod_{i=1}^{n}\{1-R_i(t)\}=1-\prod_{i=1}^{n}\left\{1-\exp\left(-\int_0^t \lambda_i(x)dx\right)\right\} \tag{4.5}$$

例えば，**図4.6**のように信頼度80%の構成要素三つからなる並列システムの場合，3要素が同時に故障する確率 F は

$$F=(1-0.80)^3=0.008$$

となるので，信頼度 R は以下となる。

$$R=1-F=1-(1-0.80)^3=0.992$$

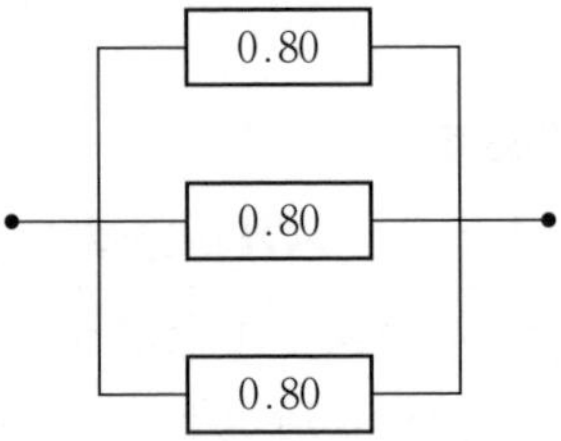

図4.6　並列システムの例

このように1個の信頼度80%の構成要素でも，それを3個並列に構成することで，全体の信頼度を99%以上に向上させることができる。

【例題4.2】　**図4.7**(a)，(b)それぞれの信頼度を計算し，比較しなさい。

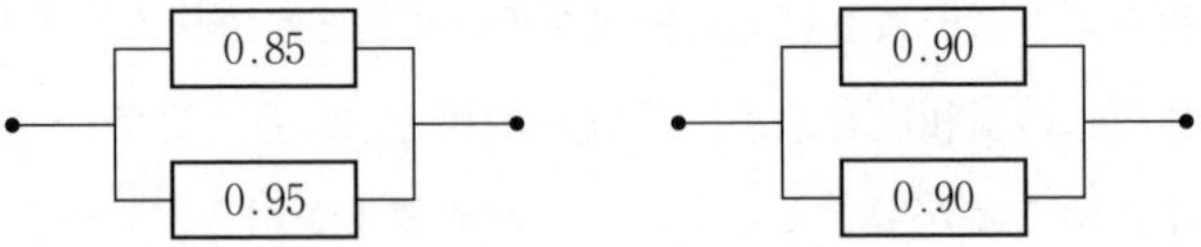

(a)　信頼度が異なる場合　　(b)　信頼度を揃えた場合

図4.7　二つの並列システム

解答

（a）　$R_a = 1-(1-0.85)(1-0.95) = \underline{0.9925}$

（b）　$R_b = 1-(1-0.90)^2 = \underline{0.99}$

すなわち　$R_a > R_b$　である。　◆

このように，二つの要素の信頼度の合計が等しい並列システムの場合，例題4.1の直列システムの場合とは逆に，高信頼度 $R=0.95$ の要素を含んだ図4.3(a)の並列システムのほうが，信頼度を揃えた図(b)の並列システムより高い信頼度が得られることがわかる。並列システムでは，信頼度の高い要素を含めて構成することがシステム全体の寿命を延ばすことになる。

4.1.5　複雑な構造での信頼度

〔1〕　**並直列システムと直並列システム**　　現実のシステムでは，数多くの構成要素からシステムが成り立ち，直列システムと並列システムが幾十にも組み合わさってシステムが構成される。この場合も個々の局所的な部分から順に計算することにより，システム全体の信頼度を求めることができる。

【例題4.3】　**図4.8**に示される信頼度0.90と信頼度0.95の要素が直列に構成され，さらにそれらが並列に構成されたシステムが**並直列システム**である。この並直列システムの信頼度を求めなさい。

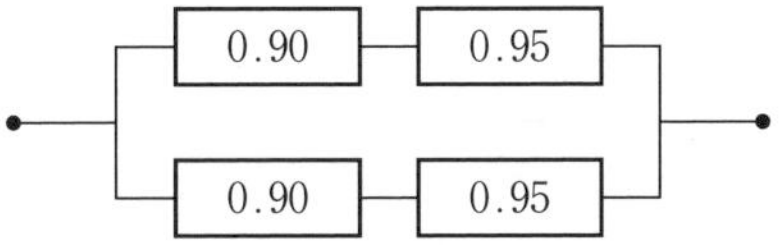

図4.8　並直列システム

解答　直列部分の信頼度が $0.90 \times 0.95 = 0.855$ となるので，システムの信頼度 R_1 は

$$R_1 = 1-(1-0.855)^2 = 0.979$$

となる。　◆

【**例題 4.4**】 例題 4.3 と同一の要素を使い，**図 4.9** に示される信頼度 0.90 と信頼度 0.95 の要素が並列に構成され，それらが直列に構成されたシステムが**直並列システム**である。この直並列システムの信頼度を求めよ。また，例題 4.3 並直列システムの結果と比較せよ。

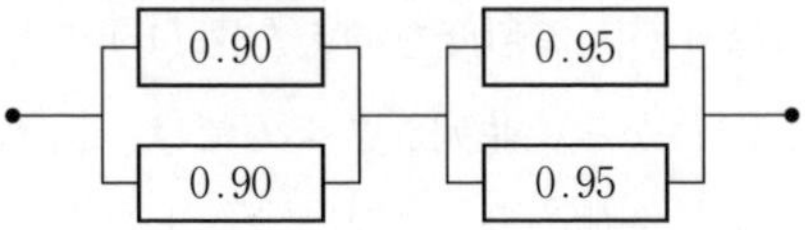

図 4.9　直並列システム

解答　直並列システムの信頼度 R_2 は

$$R_2=\{1-(1-0.90)^2\}\{1-(1-0.95)^2\}=0.988$$

となる。例題 4.3，例題 4.4 の二つの信頼度 R_1 と R_2 を比較すると，並直列システムに比べ，直並列システムのほうが信頼度の高い構成であることがわかる。すなわち，部品レベルで冗長化を図るほうが，システムの段階で冗長化を図るよりも，高信頼度になる。◆

〔2〕 一般的なシステム　**図 4.10** にいくつかの一般的なシステムの構成

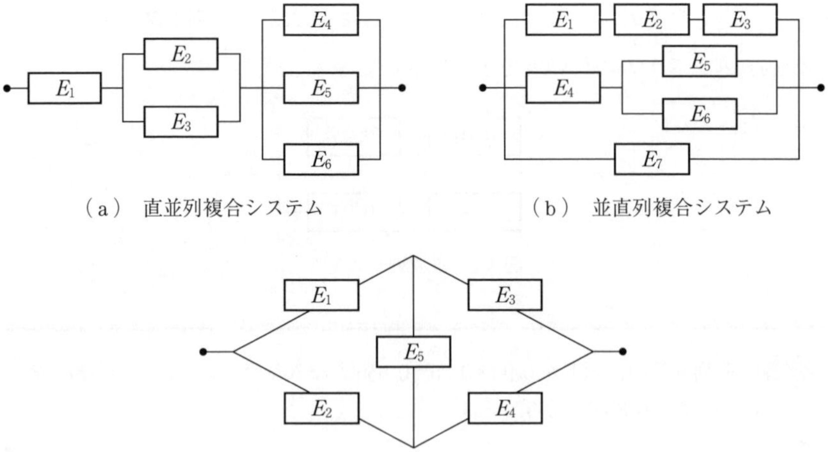

（a） 直並列複合システム　　（b） 並直列複合システム

（c） ブリッジ型システム

図 4.10　システム構成の例

例を示す。図 (a)，(b) は直列，並列システムの複合構成である。これらのシステムの信頼度は，4.1.1 項から 4.1.3 項までの計算手法を適用することで求めることができる。

一方，図 (c) のブリッジ型システムは直列，並列システムのどちらにも属さず，実際のシステムではこのように直列，並列システムとして直接モデル化できないものが数多く存在する。そのために，**条件付き確率を用いる方法**，より系統的な信頼性解析を行うために，ブール代数によるシステム表現を用い，システムを機能させるための最小限の正常要素の組合せを考える**最小パスセット法**あるいはシステム故障を引き起こす最小限の基本事象を考える**最小カットセット法**を用いる方法などがある。これらについては，6.3 節や巻末の引用・参考文献 1)，2) などを参照することとし，つぎの〔3〕では，システムの状態を場合分けし，条件付き確率を用いる方法を紹介する。

〔3〕 **条件付き確率を用いる方法**　システムの信頼性解析法には種々の方法が提案されており，いずれもシステムを直列，並列システムに分解する考え方を用いている。2.1.4 項に示した条件付き確率を用いる方法もその一つで，もとのシステムを直列，並列システムに分解するうえで障害となる一部分の要素の状態で場合分けし，その条件付きシステムモデルの信頼度を求めて，最後にそれらを合成してもとのシステムの信頼度を計算する。

図 4.10 (c) のブリッジ型システムの信頼度を考える。ここで，要素 E_5 の状態に対応して，**図 4.11** のような 2 通りのシステムが考えられる。図 (a) は E_5 が正常である場合に対応している。この場合，E_5 を除いてブリッジの両端が直接つながっていることになる。一方，図 (b) は E_5 が故障している場合に対応し，ブリッジが切断されている形になる。図 4.11 はそれぞれ直並列システ

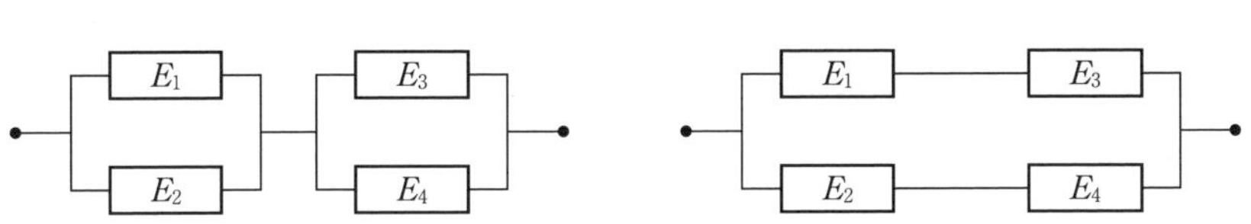

（a） E_5 が正常（直並列システム）　　（b） E_5 が異常（並直列システム）

図 4.11　ブリッジ型システムの分解結果

ムと並直列システムであるため，それらの**条件付き信頼度** R_S（if E_5 is normal），R_S（if E_5 fails）は〔2〕までに述べた手法で求めることができる。それらに，さらに E_5 が正常または故障である確率 R_5，$1-R_5$ を掛ければ，もとのブリッジ型システムの信頼度 R_S が得られることになる。

【例題 4.5】 図 4.12 の全体の信頼度を求めなさい。

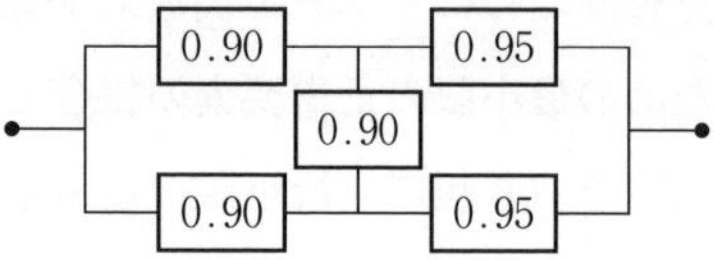

図 4.12　直並列システムでも並直列システムでもない例

解答　中央の要素に着目し，それが正常なときには直並列システム（例題 4.4，図 4.9）に，それが故障した場合には並直列システム（例題 4.3，図 4.8）に対応することを利用すればよい。例題 4.3 の信頼度を R_1，例題 4.4 の信頼度を R_2 とすると

$$R=(1-0.90)\times R_1+0.90\times R_2$$
$$=0.10\times 0.979+0.90\times 0.988=0.987 \tag{4.6}$$

◆

4.2　システム信頼性設計[1)-5)]

4.2.1　並列冗長システムと待機冗長システム

システムが所定の信頼度に達しない場合には，信頼度を向上させるために設計の段階でいろいろな手段がとられる。最も一般的な手法として用いられるのが**冗長設計**である。冗長設計とは，同じような機能を持った，いくつかの予備の構成要素・部品を用意して，故障が発生した際には予備の構成要素に切り替え，システム全体としては，その機能を確保し，信頼度を高めようとするものである。冗長設計の代表的なものが，4.1.4 項で述べた並列システムを利用し

た**並列冗長システム**（parallel redundant system）である。n 個を並列に並べた場合，$(n\text{-}1)$ 個の冗長システムを持つことになる。もう一方の代表的な冗長設計が，オンラインで作動している構成要素が故障したら，予備の構成要素に切り換えて代替させる**待機冗長システム**（stand-by redundant system）である。

図 4.13 に示す切替待機冗長システムを考える。このシステムでは，主サブシステムが故障したとき，**故障検出切替システム**（fault detection and switching system：**FDS**）が働き，副サブシステムに切り換えるように動作する。このシステムの信頼度 $R_{W,2}(t)$ は 4.1 節と同様に余事象の考え方を用い，以下のようになる。

$$R_{W,2}(t) = 1 - \{1 - R_1(t)\}\{1 - R_F(t)R_2(t)\} \tag{4.7}$$

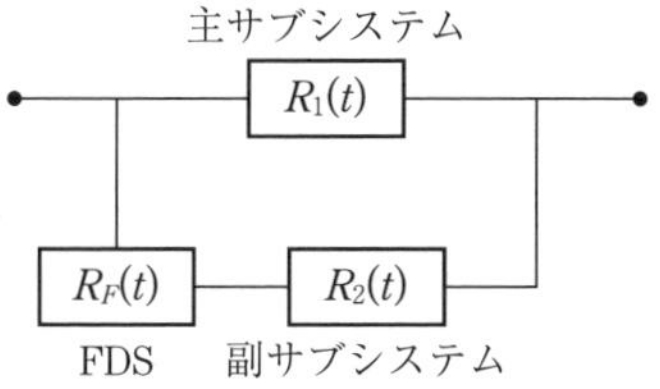

図 4.13　切替待機冗長システム

ここで，$R_F(t)$ は FDS の信頼度である。ここで，式 (4.7) の切替待機冗長システムを，式 (4.5) の並列冗長システムと比較する。式 (4.5) において，$n=2$ とし，主サブシステムと副サブシステムの信頼度が等しい（$R_1(t) = R_2(t)$）とすると

$$R_{P,n}(t) = 1 - \prod_{i=1}^{n}\{1 - R_i(t)\} = 1 - \prod_{i=1}^{n}\left\{1 - \exp\left(-\int_0^t \lambda_i(x)dx\right)\right\} \qquad \text{(4.5 再掲)}$$

$$R_{P,2}(t) = 1 - \{1 - R_1(t)\}\{1 - R_2(t)\} \qquad (4.5)'$$

となり，式 (4.5)′ と式 (4.7) と比較すると切替待機冗長システムの信頼度は，並列冗長システムより劣ることがわかる。これは切替待機冗長システムの信頼度に，FDS の信頼度 $R_F(t)$ と副サブシステムの信頼度 $R_2(t)$ の積が含まれていることによるものである。

4.2.2　*k*-out-of-*n* 冗長システム（*k*/*n* 冗長システム）

k-out-of-*n* 冗長システム† （*k*/*n* 冗長システム）は直列システムと並列システムの中間的なシステム構成である。このシステムでは，同一機能を持つ n 個の構成要素のうち少なくとも k 個以上の要素が正常に作動すれば，システムとして正常に作動するシステムであり，プラントの安全監視やコンピュータの運用管理などに使われている。構成要素の信頼度を $R_e(t)$ とすると，システムの信頼度 $R_{k\text{-out-of-}n}(t)$ は以下のようになる。

$$R_{k\text{-out-of-}n}(t)=\sum_{i=k}^{n} {}_n\mathrm{C}_i[R_e(t)]^i[1-R_e(t)]^{n-i} \tag{4.8}$$

ただし，${}_n\mathrm{C}_i$ は n 個から i 個を選ぶ組合せの数を表す。

故障検出装置（例えば，火災報知器のセンサなど）は誤作動と不作動という故障モードがあり，センサの信号が疑わしい場合がある。このような場合，コンピュータ制御のシステムなどでは，例えば3系統のセンサのうち2系統以上が同じ信号を発していれば，それに基づいてアクチュエータを作動させるものがある。この場合，システムは2-out-of-3 システムとなり，このシステムは**多数決系**と呼ばれることもある。1/3 冗長システムは，三つの構成要素のうち，一つが正常であればシステム全体の正常性が保たれるので，並列システムに相当している。一方，3/3 冗長システムは直列システムに相当している。

【例題 4.6】　**図 4.14** に示す信頼度 $R=0.85$ の構成要素を三つ用いた 2/3 冗長システムのシステム信頼度を求めなさい。

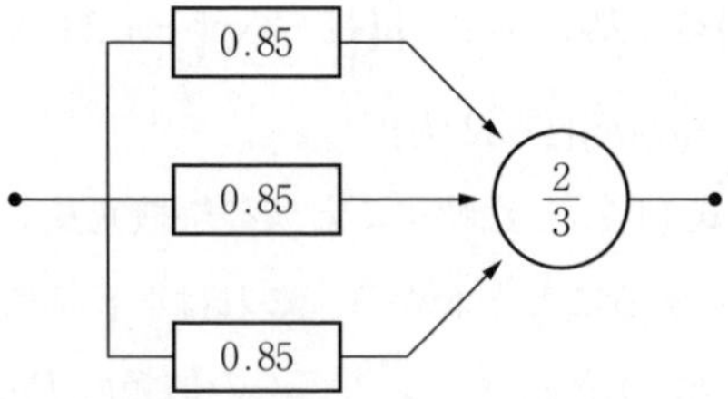

図 4.14　2/3 冗長システム

---

† *k*-out-of-*n*：*G* システムと呼ばれることもある。

解答　3要素ともに機能している場合と，2要素のみが機能している場合に分け，それぞれの信頼度を加えればよい。2要素が機能する組合せは3通り（${}_3C_2$）あるため

$$R = (0.85)^3 + {}_3C_2 \times (0.85)^2 \times (1 - 0.85)$$
$$= 0.614 + 3 \times 0.108 = 0.938$$

◆

4.3　冗長システム設計の留意点[1), 2)]

現実のシステムでは，複数の要素で冗長構成を図っても，必ずしも設計意図とする信頼度を実現できるわけではない。安全装置など高信頼度が要求される機器では，通常，検出機器の二重化や構造の多重化により高信頼性を達成しようとするが，現実のシステムには，机上の設計図面だけでは判断できない，注意・配慮が必要な多くの**落とし穴**がある。実際の使用状況，故障発生状況を想定して留意しなければならない点としては，以下のような項目が挙げられる。

4.3.1　接点故障への配慮

並列システムの信頼度は前出の式 (4.5) から求めることができるが，現実のシステムの信頼度は構成要素の信頼度だけで決まるわけではない。要素を結ぶハーネス線（電気信号の線）などの接点部分における信頼度低下が，無視できない場合がある。その一例が4.2.1項で示した切替待機冗長システムでの故障検出切替システム FDS による信頼度低下である。

4.3.2　空間冗長への配慮

複数の要素を並列にしても，それらの間に十分な空間を確保していないために，その効果が発揮されないことがあり，注意を要する。例えば，航空機の電気系統の配線の多くは2系統以上の冗長システムを持ち，高信頼度を維持できるように設計されている。当初は，配線の容易さから，それらを束ねて機体内を巡らせていたが，火災でそれらが同時に使用不能に陥った経験に基づき，現在は機体の左右に分けて配線するようになっている。

これらの**空間冗長**への配慮は，設計図面からは発見しにくく，並列システムの構成要素間の空間を十分確保しなかったために同一の環境ストレスで一度にシステム全体の機能を失った例は少なくない。

4.3.3　駆動エネルギー源への配慮

電子制御など電気エネルギーを前提とする製品が多くなったため，停電時の対応は重要課題となっている。停電時も機能を維持することが必要ならば，電力ではなく，燃焼反応を利用したエンジン動力や手動による機械操作で代替するなどの電力に頼らない仕組みでの冗長化が必要である。しかし現実には，電力供給を必要としない冗長化は難しくなっており，電力供給が止まれば多くの製品は使用不可能になる。このため，自家発電装置などの待機冗長系により，電力供給源のバックアップを図ることが多い。例えば，災害発生時の携帯電話の重要性は，情報収集の上からますます重要になってきており，通常の外部電源からの充電方法以外にも，手動による携帯電話の充電も可能であり，確実なエネルギー源として手動充電装置を備えておくことは，エネルギー源の分散の観点からも重要である。

4.3.4　日常使用時への配慮

待機冗長システムでは，主システムが故障した緊急時に，待機冗長システムが使用できなければ，冗長システムとしての意味をなさない。主システムの信頼度が高くなるにつれ，待機時間が長くなるので，5章で述べる保全性など，待機冗長システムのメンテナンスや切替成功確率などを考慮して設計することが重要になる。

例えば，銀行のオンラインシステムでは，都市銀行と地方銀行の間で非常時の相互利用を事前に取り決めているところが多く，万一のシステムダウンには他銀行の現用システムを活用することを考えている。

4.3.5 共通原因故障への配慮

たとえ，並列冗長システムを構成している場合でも，図 4.6 に示した並列に配置されたそれぞれのシステムが同一の原因で故障（**共通原因故障**：common cause failure）に至る場合がありうる。共通原因故障とは，二つ以上の要素がなんらかの同じ要因により同時に故障してしまうことである。代表的な共通原因としてはノイズ（電磁干渉），振動，熱，圧力，空間，汚染，突入電流，帯電，放射線や，共通ソフトウェアなどが挙げられる。特に故障原因が，地震や火災，洪水，停電などの外部環境ストレスの場合には，十分に配慮する必要がある。例えば，2 個の同じ要素からなる並列システムがあり，通常の使用条件下では各要素の故障は独立で，所定の使用期間に対する故障率はそれぞれ 10^{-3} であるとする。一方，このシステムには使用期間中に 10^{-4} の確率で大きな衝撃が掛かる可能性があり，その衝撃のもとでは両要素とも故障してしまうとする。このとき，システムの故障率は

$$(10^{-3})^2(1-10^{-4})+10^{-4}\times 1=10^{-6}+10^{-4}\fallingdotseq 10^{-4} \tag{4.9}$$

となり，実質的に共通原因故障によって，システムの信頼度が決定される。4.3.2 項の“空間冗長への配慮”や 4.3.3 項の“駆動エネルギー源への配慮”はその典型的な例である。

これらの共通原因故障への配慮としては，以下の事柄が挙げられる。

① 通常の操作においても，緊急対応時のシステムや対応手順においても，同時に複数のシステム（特に主システムと冗長システム）の故障を引き起こす共通原因がないことを確認すること。

② 緊急時の訓練の際に，その対応手順や緊急対応装置の作動を妨げるような共通要因がないかを確認すること。例えば，夜間停電時に緊急発電装置の操作に十分な明るさが確保できているかなど。

共通原因故障の例としては，2011 年の東北地方太平洋沖地震による福島第一原発の放射能漏れ事故（コラム 3）[6),7)]において，複数の非常用ディーゼル電源がともにタービン建屋内に設置されていたことや，2003 年の H-IIA ロケット 6 号機の打上げ失敗事故（コラム 4）[8)-10)]において，固体ロケットブースタ

SRB-A の点火制御線（導爆線）が，主システム，冗長システム両系統ともに，近接して設置されていたことなどが挙げられる。

コラム 3：福島第一原発事故と共通原因故障[6),7)]

2011 年 3 月 11 日午後 2 時 46 分，三陸沖を震源とするマグニチュード 9 の東北地方太平洋沖地震が発生した。このとき，東京電力福島第一原子力発電所（以下，原子力発電所は「原発」とする）では，1～3 号機が運転中で，4～6 号機は定期点検中であった。1～3 号機は震度 6 強の地震で自動停止し，地震による停電で外部電源を失ったが非常用ディーゼル発電機が起動した。

ところがその約 50 分後，遡上高 14～15 m の津波が発電所を襲い，地下に設置されていた非常用ディーゼル発電機が海水に浸かって機能を喪失した。さらに電気設備，ポンプ，燃料タンク，非常用バッテリーなど多数の設備を損傷，または流出で失ったため，全電源喪失（ステーションブラックアウト，略称：SBO）に陥った。このため，ポンプを稼働できなくなり，原子炉内部や核燃料プールへの注水が不可能となり，核燃料の冷却ができなくなった。核燃料は運転停止後も膨大な崩壊熱を発するため，注水し続けなければ原子炉内が空焚きとなり，核燃料が自らの熱で溶け出す。実際，1～3 号機ともに，核燃料ペレットが原子炉圧力容器の底に落ちる炉心溶融（メルトダウン），その後溶融燃料の一部が圧力容器の外側にある原子炉格納容器に漏れ出す事態（メルトスルー）が発生し，水素爆発，格納容器の破損などにより，大量の放射性物質が放出されるという，史上例を見ない大規模な原発事故となった。炉内燃料のほぼ全量が溶解したこの事故は国際原子力事象評価尺度（INES）において最悪のレベル 7（深刻な事故）に分類されている。

このような過酷事故を起こした福島第一原発 1～4 号機と同じ大津波に襲われながら，福島第一原発 5，6 号機，福島第二原発，女川原発，東海第二原発では事故は発生しなかった。福島第一原発 1～4 号機とほかの原発との被害の大きな違いは，「原子炉に冷却用の水を送り込むポンプを動かすための電源が一つでも生き残っていたかどうか」である。**表**に福島第一原発の 1～6 号機および福島第二原発の被害状況の概要をまとめる。

表に示すように，全電源喪失になった第一原発 1～4 号機に対し，5～6 号機および福島第二原発や女川原発，東海第二原発では外部電源および非常用ディーゼル電源の双方あるいはどちらかが稼働可能であったため，冷温

表　福島第一原発，第二原発の被害状況

	所　在	号　機	運転開始	発生時の状況	電源設置場所	電源被害状況
第一原発	大熊町	1号機	1971年3月	定格出力運転中	・外部電源（1系統のみ）：原発敷地付近の架線鉄塔の倒壊，遮断機などの変電設備の損傷のため，「新いわき開閉所」から「新福島変電所」を経る1系統が喪失。 ・非常用ディーゼル電源：タービン建屋に設置（ただし，6号機空冷非常用電源1基のみ，地上13.5mに設置） ・バッテリー電源：タービン建屋地下に設置	外部電源・非常用ディーゼル電源・バッテリー電源の全電源喪失
		2号機	1974年7月	定格出力運転中		
		3号機	1976年3月	定格出力運転中		
		4号機	1978年10月	定期検査中		
	双葉町	5号機	1978年4月	定期検査中		
		6号機	1979年10月	定期検査中		6号機空冷非常用電源1基のみ稼働可
第二原発	楢葉町，富岡町（第一原発から南へ12km）	1〜4号機	1982〜87年	1〜4号機定格出力運転中	外部電源は「新福島変電所」から引き入れており，50万Vの「富岡1，2号線」，6.6万Vの「岩井戸1，2号線」の2系統4回線のうち，1系統富岡1号線が生き残り，冷温停止に成功	運転中の4機はすべて冷温停止に成功

停止に成功した。なお，5号機は稼働可能であった隣接する6号機の非常用ディーゼル電源を融通し，冷温停止に成功した。

外部電源が地震による架線鉄塔の倒壊などのために喪失したのに対し，非常用ディーゼル電源およびバッテリー電源は，各原子炉に対し冗長システムを構成し，複数台設置されていたにもかかわらず，津波による浸水のために同時にその機能を喪失している。

福島第一原発では，想定されていた津波の高さが最大6.1mであったにもかかわらず，1基（6号機空冷非常用電源）を除き海抜4mの海岸エリアに非常用電源設備および燃料タンクが配置されていた。唯一，生き残った6号機空冷非常用電源は，空冷式のため高所（13.5m）の設置されていた。また，主要な建屋が建つ敷地の海抜は10mであった。一方，津波第二波は最大15.5mであり，水密性，耐圧性を欠いた原子炉建屋，タービン建屋の浸水，それに伴う非常用電源設備の機能喪失は当然の結果であった。ただ一つの例外が，高さ13.5mに設置されていた6号機空冷非常用電源であった。

交流電力を外部から供給する外部電源に対し，ディーゼル機関による複数の個別電源を非常時の冗長システムとして設置してはいたが，その**空間冗長性**に配慮が至らず，津波による浸水のため同時故障という**共通原因故障**を招いてしまったことが，福島第一原発の過酷事故の基本的な設計上の不備ではないかと思われる。非常用ディーゼル電源のどちらか1基を，建屋最上階に設置する，あるいは近隣敷地の高所に設置するなどの設計配慮が必要であったと考えられる。

また，地震による想定される津波高さに関しても，いかに「発生の頻度」が低くとも，それが「甚大な被害を及ぼす可能性」を持つ場合は，その両者を考慮することが重要である（7.2.3項参照）。

コラム4：H-IIA 6号機と共通原因故障[8)-10)]

2003年11月29日13時33分に種子島宇宙センターから打ち上げられたH-IIA 6号機は，2基ある固体ロケットブースタ（SRB-A）のうちの1基の分離に失敗し，その結果，所定に軌道に到達することができず打上げに失敗した。この失敗の原因は，以下の**共通原因故障**によるものであった。

13時33分に第一段ロケットと固体ロケットブースタ（SRB-A）に点火，離陸を開始したH-IIA 6号機は，ほぼ予定どおりの1分38秒後にSRB-A2基の燃焼を終了し，これを分離するシーケンスが実行されたが，1基のSRB-Aが分離せずロケット機体に残ったままとなった。SRB-Aは，内蔵の燃料と酸化剤を使い切っても 10 トンの質量がある。このため，ロケット本体の加速度が足りず，十分に速度を増加することができず，所定の軌道に到達する見込みがなくなったため，二段目の燃焼開始直後の 13 時 43 分 53 秒（打上げ後 10 分 53 秒）に指令破壊コマンドを送信してロケットを自爆させた。

SRB-A を分離させるためには，SRB-A の上部と下部にある機体との接合部の爆発ボルトに点火する必要がある。そのための点火信号を伝達するための点火制御線（導爆線）が，SRB-A の下部のノズル周囲を経由して上部まで設置されていた。この導爆線は主システム，冗長システム 2 系統が用意されていた。

事故の経緯は以下のとおりである[8]。**図**に H-IIA 6 号機の SRB-A 切り離し用導爆線艤装状況を示す。SRB-A の噴射ガスを噴出するノズルが SRB-A の最下端にあるが，右側ノズル内面に取り付けてある断熱材が，高温高速の燃焼ガスで侵食（局所エロージョン）され，薄くなった。ノズル部に小さな穴が開き，燃焼ガスが噴出した。この噴出ガスが，ノズル周辺の上部接合部破断用爆発ボルトの導爆線を 2 系統とも溶断し，結果として上部接合部の切り離しに失敗した。

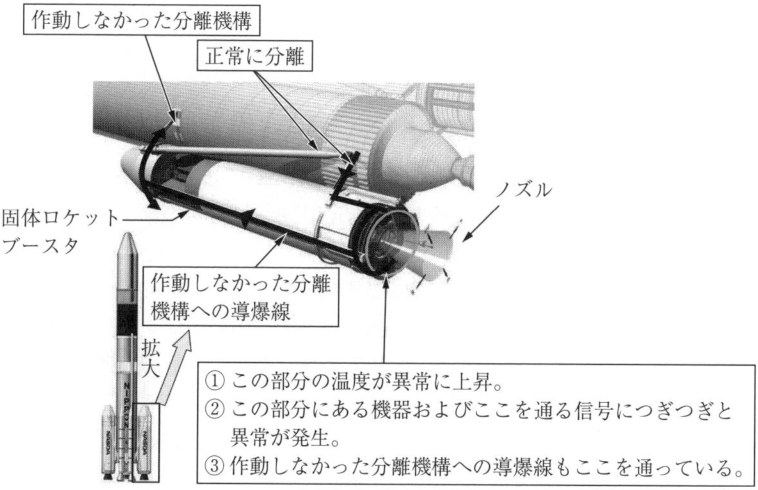

図　H-IIA 6 号機 SRB-A 切り離し用導爆線艤装状況[9, 10]
©JAXA

表に H-IIA 5 号機と 6 号機の SRB-A の分離状態の写真を示すが，6 号機の場合，SRB-A 1 基の切り離しに失敗したことが明らかである。この場合，

表　H-IIA5号機，6号機のSRB-A分離状態[5] ©JAXA

（a）左側（6号機と5号機で有意差がない。）

	5号機取得画像	6号機取得画像
打上げ後 約106秒 SRB-A分離	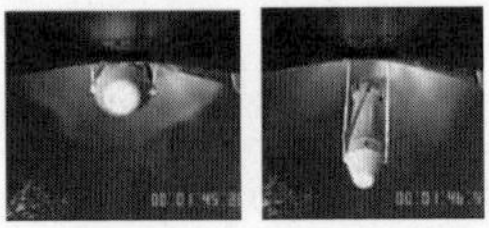	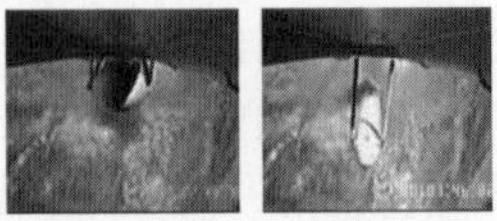

（b）右側（6号機ではSSB#1より先に分離されるはずの
SRB-Aが1段機体についたままとなっている。）

	5号機取得画像	6号機取得画像
打上げ後 約106秒 SRB-A分離	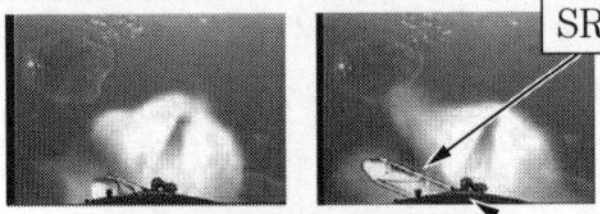	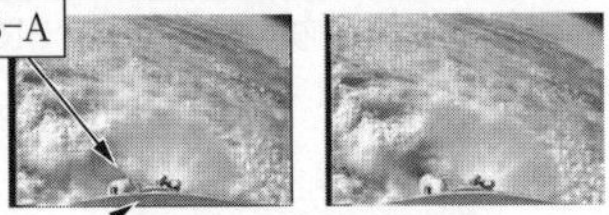
打上げ後 約108秒 SSB#1分離		

噴射ガスが共通原因であり，主システム故障時には，冗長システムが替わって動作する設計となっていた導爆線が，ともに隣接して，ノズル周辺に敷設されていたため，噴射ガスにより，同時に溶断されてしまったものである。

これらの詳細な事故調査の結果，H-IIAロケット全体に対する取組み，SRB-Aの局所エロージョンに対する定量的評価，開発に対するJAXAと製造企業の責任分担体制の明確化・外部専門家の活用，今後の宇宙開発の先進的・高度技術開発においては，当初予見し得ない事象による失敗のリスクがつねに内在していることを，改めて十分に認識し，そのリスクを徹底して下げる努力を継続し，信頼性を向上させなければならないこと，JAXAと製造企業および企業間の問題解決に向けたオープンな議論が展開されることが求められた。その結果，現在（2021年1月）まで，2001年夏の試験機1号機以降，43回中6号機を除く42回の打上げに成功している。打上げ成功率は97.7%であり，H-IIAと同エンジンを使用するH-IIBロケットも含めると52回中51回の打上げに成功しており，打上げ成功率は98.1%となっている。

章　末　問　題

【4.1】 10個の独立で同一の要素から構成される直列システムについて考える。各要素の故障時間は指数分布に従い，MTTF＝2 000時間であるとする。作動開始後，50時間後の信頼度を求めなさい。

【4.2】 **図4.15**(a)，(b)および(c)のシステムの信頼度を求めなさい。なお，各構成要素内の数字は信頼度を表すものとする。

【4.3】 **図4.16**の2重ブリッジシステムの各要素の信頼度はすべて$R=0.90$である。このとき，システムの信頼度を求めなさい。

【4.4】 信頼度85%の部品を並列冗長システムにして，システム全体の信頼度を99.9%以上にしたい。このためには部品は少なくとも何個以上用いなければならないか。

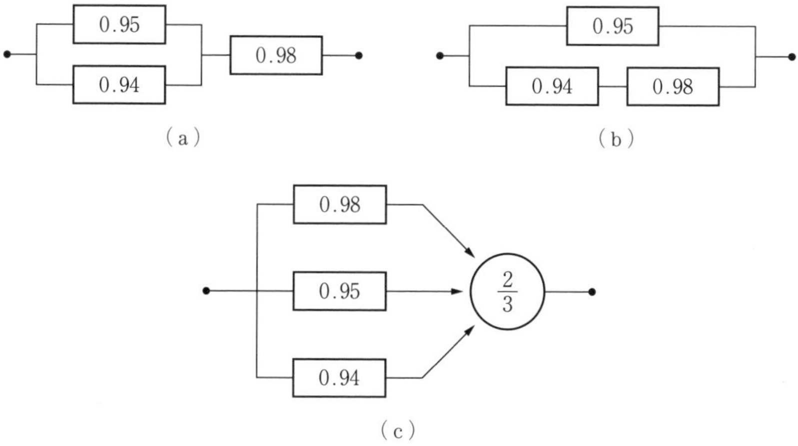

図4.15　さまざまなシステム

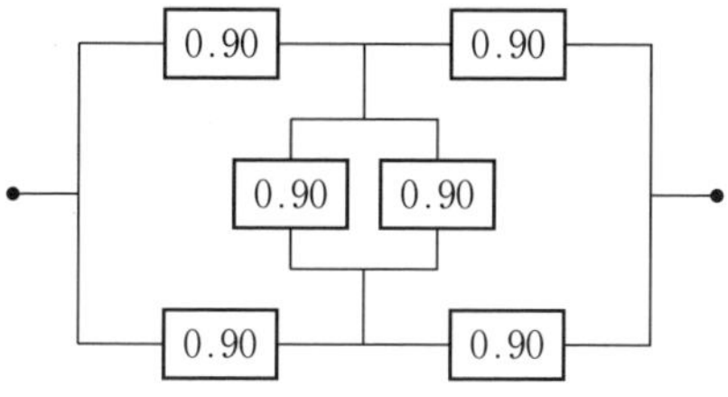

図4.16　2重ブリッジシステム

【4.5】 あるエンジンシステムは，燃料保存・供給・噴射装置と点火装置，燃焼装置，駆動装置の四つの装置で構成された直列系の機構になっている。各装置の MTBF は下記であることが確かめられている。このとき，以下の問に答えなさい。

燃料保存・供給・噴射装置 $MTBF_P$：7 000 時間

点火装置 $MTBF_I$：　5 000 時間

燃焼装置 $MTBF_C$：　8 000 時間

駆動装置 $MTBF_D$：10 000 時間

（1） 燃焼装置の故障率を求めなさい。

（2） エンジンシステムの故障率を求めなさい。

（3） エンジンシステムの MTBF を求めなさい。

【4.6】 ある 4 発エンジンの航空機で，いずれか 2 発のエンジンが正常であれば安全に飛行・離着陸ができるものとする。各エンジンの故障は独立に発生し，故障率はいずれも $\lambda=0.005$〔1/時間〕とする。飛行時間 10 時間における信頼度を求めなさい。

5

保全性とアベイラビリティ

4 章では，保全（修理†）を考慮せずに信頼性の維持を図ること（非修理系）を前提としたが，本章では保全（修理）により信頼性の維持を図る修理系について述べる。システムは永遠に稼働することは不可能である。部品には腐食など，劣化が生じ故障に至る。そのために，故障すれば修理，または，場合により新品に取り替えることによりシステムの稼働率を向上させることが必要となる。

本章は，5.1 節において，JIS Z 8115：2019 に基づき保全方法を紹介し，保全を実施する際に重視すべき事項を述べる。5.2 節以降では保全方法の数理的評価方法を紹介するが，はじめに 5.2 節では，保全方法の評価基準，5.3 節では重要な稼働率（アベイラビリティ）の解析手法，5.4 節では保全費用を考え最適な保全方法を解析的に求める方法を紹介する。

5.1 保　全　方　法

保全性（maintainability）とは“与えられた運用及び保全条件の下で，アイテムが要求どおりに遂行できる状態に保持されるか，または修復される能力”と JIS Z 8115：2019 に規定されている。保全には，大きく分けて，**予防保全**（preventive maintenance）と**事後保全**（corrective maintenance）がある[1]。予防保全は，アイテムの機能を正常な状態に維持するため，アイテムの劣化が進行する前に，計画的に行う保全であり，事後保全とは，故障が発生したとき，故障部分の修理あるいは取替えなどを実施しアイテムを正常に回復するた

† JIS Z 8115：2019 では，保全時間には，実際の修理時間に加え，修理の準備時間や部品供給時間が含まれているとされている。

めに行う保全である。

予防保全は，さらに，アイテムの状態を連続的に計測・監視し，その状態に応じて保全を行う**状態監視保全**（condition-based maintenance）と，ある一定の時間計画に基づいて保全を行う**時間計画保全**（scheduled maintenance）に分けられる。アイテムの状態を連続的に監視するには，多大な費用が掛かることが多い。そのために状態監視保全は，故障したときに大きな影響を及ぼすアイテムに適用されることが多い。時間計画保全は，アイテムが故障しても大きな影響がないようなアイテムに適用されることが多い。時間計画保全は，さらに，一定の時間間隔で保全を行う**定期保全**（periodic maintenance）とアイテムがある基準時間に達したときに行う**経時保全**（age-based maintenance）に分類される。

事後保全には，予防保全を行わないと計画したアイテムが故障したときに行う**通常事後保全**（usual corrective maintenance），予防保全を行うと決めたアイテムが予定外に故障したときに行う**緊急事後保全**（emergency corrective maintenance）がある。

以上を**図 5.1** にまとめる。

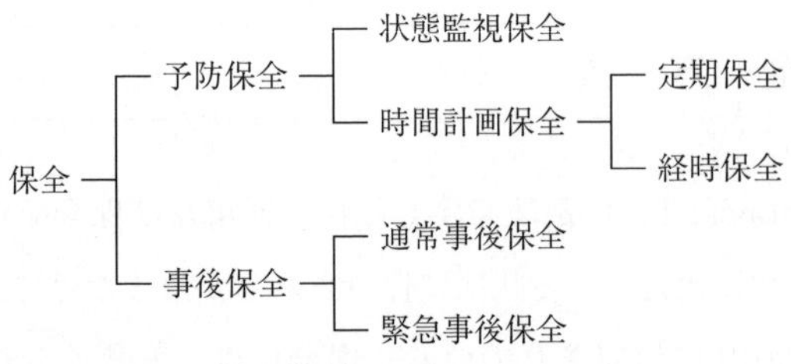

図 5.1　保全の分類

5.1.1　保全の方法と選択

事後保全については，直列システムの場合は，アイテムの故障が直接システムの故障となるために，アイテムが故障してから修理を行ってもシステムの信頼性の向上を望むことができないが，4.1 節で述べた並列システムの場合は，一つのアイテムが故障したときにほかのアイテムが稼働している間に修理を完了すれば，システムとしての機能は失われることがないので有効となる（5.2節参照）。

予防保全については，システムが故障する前に保全を行うので，システムの信頼性向上が望まれる。

予防保全において，時間計画保全と状態監視保全の区別については上記のようにアイテムが故障したときの影響の大きさもあるが，アイテムの劣化進行のばらつきにも依存する[2)]。そのばらつきが小さい場合は時間計画保全で取替えを行っても効率的に実施できるが，ばらつきが大きい場合は劣化状態を把握し，状態が悪くなる前に予防保全を行うことが可能となるために，状態監視保全が有効となる。ただし，状態監視保全は，状態を監視する必要があり費用が余分に掛かることになる。

コラム5：予防保全の重要性

第二次世界大戦以前のシステムや装置は単純であり，故障のほとんどが摩耗や破損などに限られ，保全は，故障の度に修理することで済ませることができ，経験により学習される技術として認識されてきた。しかし，1950年代後半になって，企業競争と労働力不足に伴い，新しい設計要求と設計標準により複雑なシステムが登場し，従来の経験に基づく保全では稼働率の低下や保全費用の増加が問題となり，予防保全の重要性が認識された[3)]。

5.1.2 保全性設計

保全性設計（maintainability design）とは，保全計画を立案しやすく，アイテム全体の保全を容易にするための保全技術である。保全設計を具体化するための手法には，以下に述べる視点が重要となる[4)]。

〔1〕 **保全の簡素化**　修理は，修理を行う人がどんな人でも実施可能で，かつ短い時間で実施可能であることが重要である。そのために，修理を行う人の技術がそれほど高くなくても保全が可能であるように，また修理で用いる部品点数を可能な限り少なくするなどして簡素化して保全方法を設計すべきであ

る（単純化）。部品点数減少のためには部品標準化が一つの重要なポイントとなる。同様に保全を実施する手順についても，ヒューマンエラー防止の面からも可能な限り共通化すべきである（標準化）。また，故障した部品に安全に近づけることが可能であり，その場で修理を行うならば修理するために必要なスペースの確保も大事である（接近性）。

〔2〕 **修理回数の削減**　アイテムが故障しないようにすることが重要であるが，自動的にエラーを修復するエラーリカバリ設計の導入，メンテナンスフリーのアイテムを使用するなどして修理回数そのものを減らすことが重要である。

〔3〕 **保全時間の削減**　故障が容易にわかること，センサーなどを設置し，修理・調整が容易に可能であるようにする（可視性）ことが求められる。

〔4〕 **保全費用の削減**　保全に費やす費用を削減できれば，それに越したことはないが，あまりにも少なくすると，システム故障が頻発してしまう。このために，予防保全を行う場合のシステムの劣化基準を明確にするなど，同じ修理をするにしても特別な工具や技術が不要になるように設計すべきである（試験性）。

5.2 保全性の評価尺度

前節で述べたように，保全は，アイテム（システム，部品）を使用可能な状態に維持する活動であるが，どの保全方法を選択すべきかの判断を行う場合には，保全方法を評価することが重要となる。

本節では，保全活動も含んだアイテムの定量的な評価指標を紹介する。

5.2.1 保全性と保全度関数

保全性（maintainability）は修理可能なアイテム（システム，部品）に備わる保全の容易さを表す性質を表し，**保全度**（maintainability）は，修理可能なアイテムが規定の条件において保全が実施されるとき，規定の時間内に保全が終了する確率である。

T を保全（修理）時間（確率変数）とすると，**保全度関数**（maintainability function）$G(t)$ は

$$G(t) = \Pr\{T \leqq t\}$$

と定義される。すなわち，保全（修理）時間が時間 t 以下となる確率として表される。保全度関数は，通常は“保全（修理）は開始して一瞬で終了しないこと，および，いつかは必ず終了すること”により，つぎの性質を満たす。

$$\lim_{t \to 0} G(t) = 0$$

$$\lim_{t \to \infty} G(t) = 1$$

保全度関数は t に対して非減少である（**図 5.2**）。

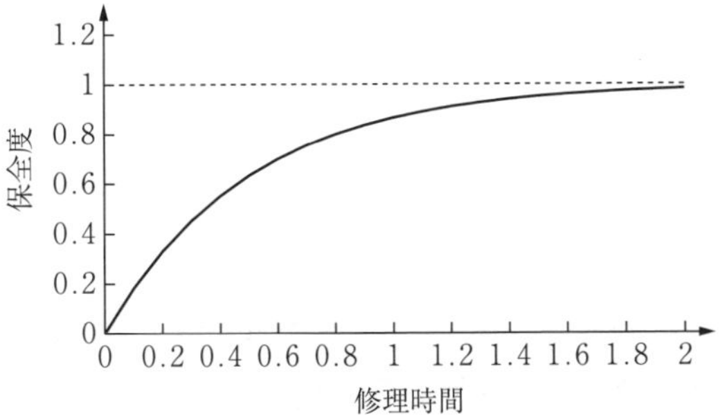

図 5.2　保全度関数 $G(t)$

つぎに，**保全率関数**（maintainability rate function）$\mu(t)$ は

$$\mu(t) = \frac{g(t)}{1 - G(t)}$$

と定義される。ここで，$g(t) = dG(t)/dt$ である。$\mu(t)dt$ は，保全（修理）時間が時間 t 以上となる条件の下で，時間 t を超えてつぎの一瞬（厳密には区間 $(t, t + dt)$ の間）に保全（修理）が終了する確率を表す。

平均保全（修理）時間（mean time to repair：**MTTR**）は保全度関数を用いて

$$\mathrm{MTTR} = \int_0^\infty G(t)dt$$

と定義される。

保全度関数 $G(t)$，保全率関数 $\mu(t)$ と平均保全時間 **MTTR** は，それぞれ，2.3.1 項で述べた信頼度の評価関数である累積故障時間分布 $F(t)$，故障率関数 $\lambda(t)$ と平均寿命時間 **MTTF** に対応している。

5.2.2　アベイラビリティ

前項で述べた保全率関数と平均保全時間は，保全活動単独での評価をしている。本項で紹介する**アベイラビリティ**（availability：稼働率（可用性，可動率と呼称されることもある））は，“修理しながら使用するアイテムが，ある所定の使用条件のもとで，ある特定の時点に所定の機能を保持している確率”と JIS では定義される。信頼性が悪くても保全性が良く，故障しても修理による休止時間が短ければ実用上困ることはない。この考えに基づくアベイラビリティは，保全による信頼性維持を図るシステムの信頼性を表す評価尺度であり，信頼度と保全度を組み合わせた尺度となっている。

アベイラビリティには，観点の相違により多くの評価がある。

瞬間アベイラビリティ（instantaneous availability）$A(t)$ は，ある時点 t でアイテムが稼働している確率を表す。また，**漸近アベイラビリティ**（asymptotic availability）（**定常アベイラビリティ**（steady state availability）とも呼ばれる）A は長い時間が過ぎたときの瞬間アベイラビリティのことであり

$$A = \lim_{t \to \infty} A(t)$$

として表される。

図 5.3 に示すように，アイテムが故障するとすぐに修理に取り掛かり，修理が終了するとアイテムは新品となり稼働する。そして，再び，アイテムが故障すると修理を行うという状況を考える。修理が終了すると新品と同様になるので，修理を新品と取り替えることと考えてもよい。

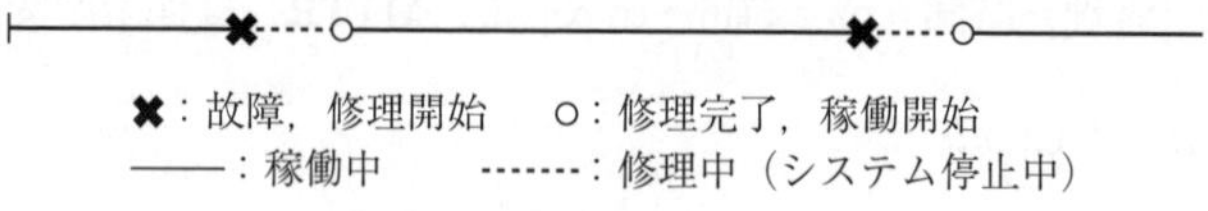

図 5.3　修理時間と稼働時間

このとき，アイテムの信頼度関数を

$$R(t) = e^{-\lambda t}$$

であるとし，保全度関数を

$$G(t) = 1 - e^{-\mu t}$$

とすると，瞬間アベイラビリティ $A(t)$ は

$$A(t) = \frac{\mu}{\lambda+\mu} + \frac{\lambda}{\lambda+\mu} e^{-(\lambda+\mu)t}$$

と表せる。ここで λ は**故障率**，μ は**修理率**である。このとき，漸近アベイラビリティは

$$A = \lim_{t\to\infty} A(t) = \frac{\mu}{\lambda+\mu} = \frac{\dfrac{1}{\lambda}}{\dfrac{1}{\mu}+\dfrac{1}{\lambda}}$$

と表される[5]。$1/\lambda$ はアイテムの平均故障時間（平均して稼働している時間），$1/\mu$ は平均修理時間（平均して故障している時間）であること（2.2.3 項）より，漸近アベイラビリティは

$$A = \frac{\text{平均して稼働している時間}}{\text{平均して稼働している時間} + \text{平均して故障している時間}} \tag{5.1}$$

として解釈され，アイテムが稼働している時間の割合を示していることがわかる。

$\lambda = 1.0$，$\mu = 4.0$ のときの瞬間アベイラビリティ $A(t)$ を**図 5.4** に示す。図 5.4 から瞬間アベイラビリティは 0.80 に収束していることがわかる。この収

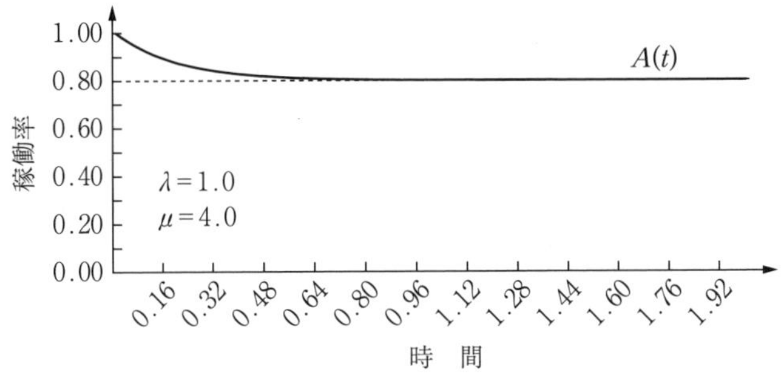

図 5.4　瞬間アベイラビリティの変化

束値が漸近アベイラビリティとなる。

式 (5.1) は故障時間分布や修理時間分布が指数分布でない場合でも成立する。

5.3 システムのアベイラビリティ解析

前節において漸近アベイラビリティを瞬間アベイラビリティから導出したが複雑なシステムの漸近アベイラビリティを導出することはかなり難しくなる。信頼度関数と保全度関数が指数分布の場合，漸近アベイラビリティを求めるだけなら，**状態遷移図**（state transition diagram）を用いて**バランス方程式**（balance equation）を構築し，それを解くことにより容易に求めることができる。

例えば，5.2.2 項で考えた例を再考する。アイテムは故障（状態 0 とする）と稼働（状態 1 とする）の 2 状態であり，故障すると稼働状態から故障状態に遷移し，修理が終了すると故障状態から稼働状態に遷移する。このことは，**図 5.5** に示すようにアイテムの状態の遷移を表現できることから，この図を状態遷移図と呼ぶ。

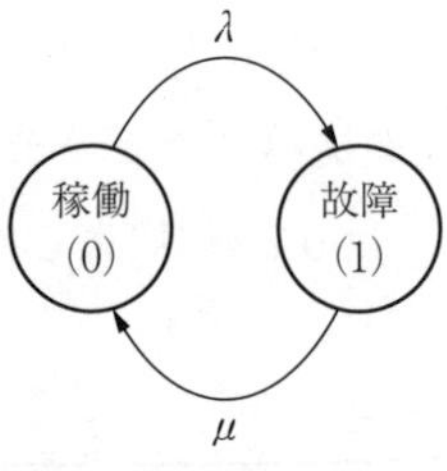

図 5.5　状態遷移図
（単一アイテムの場合）

状態遷移図において，状態の遷移率を付記すれば，稼働から故障の遷移率は故障率 λ，故障から稼働の遷移率は修理率 μ となるので，図 5.5 が完成する。少し，直感的な話になるが，各状態を池と考え，そこには，定常確率分だけ水が蓄えられているとする（稼働の**定常確率**（stationary probability）を p_0，故

障の定常確率を p_1 とする)。そして，矢印に沿って水が“遷移率×水流の源流となる池の水（すなわち，定常確率)”だけ流れると解釈する。この場合は，稼働から故障へは λp_0，故障から稼働へは μp_1，水が流れることになるので，二つの池が安定する（水があふれない）ためには

$$\lambda p_0 = \mu p_1 \tag{5.2}$$

が成立しなくてはならないことになる。このために，式(5.2) はバランス方程式と呼ばれる。この式のみだと各定常確率は求められないが，アイテムの状態が稼働と故障しかないので

$$p_0 + p_1 = 1$$

が成立することになり

$$p_0 = \frac{\mu}{\lambda + \mu}$$

$$p_1 = \frac{\lambda}{\lambda + \mu}$$

が得られる。漸近アベイラビリティは，本例の場合は，アイテムが稼働する定常確率 p_0 であるので

$$A = p_0 = \frac{\mu}{\lambda + \mu} \tag{5.3}$$

が得られる。

上記の考えを用いて複雑なシステムの漸近アベイラビリティを求める。

〔1〕 **直列システム（部品の故障率，修理率が同じ場合）**　部品 1, 2, …, N の N 個の部品から構成される直列システムを考える。N 個の部品の故障率は全て同一であり（λ とする）と修理率も同一（μ とする）とする。直列システムは 1 個の部品が故障すればシステム故障となるので，システム故障した時点で故障していない部品は稼働を停止すると仮定する。この場合には，システムの状態は，稼働（状態 0 とする）と故障（状態 1 とする）の 2 状態を考えればよいので，状態遷移図は**図 5.6** で示される。

状態 1 から状態 0 への遷移率は，故障している部品が 1 個なので修理率は μ となるが，状態 0 から状態 1 への遷移率は，N 個の部品のうち 1 個の部品が故

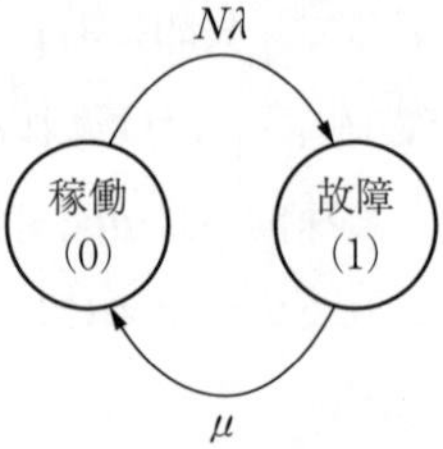

図 5.6　直列システムの状態遷移図
（部品の故障率，修理率が同じ場合）

障するときの故障率，すなわち N 個の部品から構成される直列システムの故障率となるので，$N\lambda$ となる。よって，漸近（定常）アベイラビリティは，式 (5.3) において，λ を $N\lambda$ と置き換えればよいので

$$A = p_0 = \frac{\mu}{N\lambda + \mu} \tag{5.4}$$

となる。

【例題 5.1】　2 個の部品からなる直列システムを考える。2 個の部品の故障率と修理率は同じであり，それぞれ，$\lambda = 1.0$ と $\mu = 4.0$ とする。このとき，漸近アベイラビリティを求めなさい。

解答　$N = 2$ であることより，漸近（定常）アベイラビリティは式 (5.4) を用いて

$$A = p_0 = \frac{\mu}{2\lambda + \mu} = \frac{4.0}{2 \times 1.0 + 4.0} = 0.667$$

となる。◆

〔2〕 **直列システム（部品の故障率，修理率が異なる場合）**　部品 1, 2, …, N の N 個の部品から構成される直列システムを考える。p_i を部品 i が稼働する定常確率，λ_i を部品 i の故障率，μ_i を部品 i の修理率とする ($i = 1, 2, \cdots, N$)。また，システム稼働の定常確率（すなわち 1 個の部品も故障していない定常確率）を p_0 とする。

このとき，**図 5.7** より，バランス方程式は

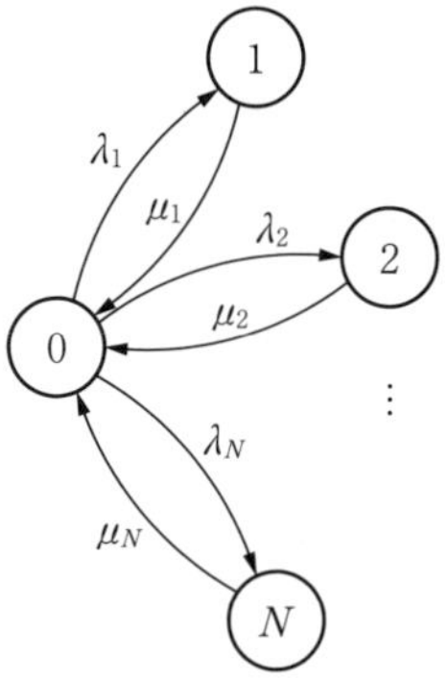

図 5.7　直列システムの状態遷移図
（部品の故障率，修理率が異なる場合）

$$\lambda_i p_0 = \mu_i p_i \qquad (i=1, 2, \cdots, N)$$

また，全確率の公式より

$$\sum_{i=0}^{N} p_i = 1$$

が成立することより，また，漸近アベイラビリティ A は

$$A = p_0 = \frac{1}{1+\sum_{i=1}^{N}\frac{\lambda_i}{\mu_i}}$$

となる。

〔3〕　並列システム（部品の故障率，修理率が同じ場合）　N 個の部品から構成される並列システムを考える。N 個の部品はすべて同じ故障率 λ と，同じ修理率 μ を持つ。そして，$i=0, 1, 2, \cdots, N$ に対して，p_i を i 個の部品が故障している定常確率とする。また，並列システムの場合は，1 個の部品が稼働していればシステムとしては稼働しているので，システムが稼働していても複数の部品が故障している場合がある。そのときでも部品の修理は可能とし，修理する人は同時には 1 台の部品のみを修理可能とする。ここでは，簡単なために，修理する人は 1 人とする。

このとき，状態遷移図は**図 5.8** で与えられる。遷移率については，何個部品が故障しても修理する人が 1 人しかいないので，修理率はどの状態からの遷移

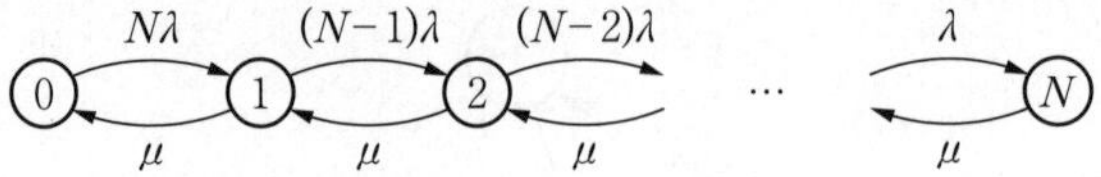

図5.8　並列システムの状態遷移図（修理人が1人）

についても μ となる。よって，図5.8より，バランス方程式は，状態 i と状態 $i+1$ の間のバランスを考えることによって

$$(N-i)\lambda p_i=\mu p_{i+1} \qquad (i=0,\,1,\,2,\,\cdots,\,N-1) \tag{5.5}$$

となり，全確率の公式より

$$\sum_{i=0}^{N} p_i=1$$

から，定常確率は

$$p_i=\frac{N!}{(N-i)!}\left(\frac{\lambda}{\mu}\right)^i p_0 \qquad (i=1,\,2,\,\cdots,\,N) \tag{5.6}$$

$$p_0=\left(\sum_{i=0}^{N}\frac{N!}{(N-i)!}\left(\frac{\lambda}{\mu}\right)^i\right)^{-1}$$

と得られる。並列システムの場合は，すべての部品が故障していなければシステム稼働なので，漸近アベイラビリティは

$$A=1-p_N=1-\frac{N!\left(\dfrac{\lambda}{\mu}\right)^N}{\displaystyle\sum_{i=0}^{N}\frac{N!}{(N-i)!}\left(\frac{\lambda}{\mu}\right)^i}=1-\frac{N!\rho^N}{\displaystyle\sum_{i=0}^{N}\frac{N!}{(N-i)!}\rho^i} \tag{5.7}$$

となる。ただし，$\rho=\lambda/\mu$ である。

【例題5.2】　2個の部品からなる並列システムを考える。2個の部品の故障率と修理率は同じであり，それぞれ，$\lambda=1.0$ と $\mu=4.0$ とする。このとき，漸近（定常）アベイラビリティを求めなさい。

解答　$N=2$ であることより，漸近（定常）アベイラビリティは，式(5.7)を用いて

$$A=1-p_2=1-\frac{2\rho^2}{1+2\rho+2\rho^2}=\frac{1+2\rho}{1+2\rho+2\rho^2}$$

で表される。また，$\rho=\dfrac{\lambda}{\mu}=\dfrac{1.0}{4.0}=0.25$ であることから

$$A=\frac{1+2\times0.25}{1+2\times0.25+2\times0.25^2}=0.923$$

となる。 ◆

例題5.1では，1個のアイテムを対象としていたが，例題5.2では2個の並列システムを対象としている。例題5.1と例題5.2は同じ故障率と修理率を仮定しており，漸近（定常）アベイラビリティは，それぞれ0.677と0.8であった。このことからも，漸近（定常）アベイラビリティの観点から見ても冗長系の有効性が表れていることがわかる。

〔4〕 *k*-out-of-*N* 冗長システム（部品の故障率，修理率が同じ場合）

4.2.2項で述べた *k*-out-of-*N* 冗長システムに対して保全を行うことを考える。*k*-out-of-*N* 冗長システムは N 個の部品の内 k 個の部品が稼働するとシステム稼働となるシステムである。保全の前提は前述の〔3〕で述べたことと同じである。この場合は，バランス方程式も式(5.5)で与えられ，定常確率も同じ式(5.6)で与えられる。ただ，*k*-out-of-*N* 冗長システムでは k 個以上の部品が稼働すればシステム稼働となるので，漸近アベイラビリティは

$$A=\sum_{i=k}^{N}p_i=\frac{\displaystyle\sum_{i=k}^{N}i!\left(\frac{\lambda}{\mu}\right)^i}{\displaystyle\sum_{i=0}^{N}\frac{N!}{(N-i)!}\left(\frac{\lambda}{\mu}\right)^i}=\frac{\displaystyle\sum_{i=k}^{N}i!\,\rho^i}{\displaystyle\sum_{i=0}^{N}\frac{N!}{(N-i)!}\rho^i}$$

で与えられることになる。ただし，$\rho=\lambda/\mu$ である。

〔5〕 並列システム（部品の故障率，修理率が同じで修理する人が複数人いる場合）　ここでは，再び〔3〕と同じ並列システムを考えるが，〔3〕とは異なり修理する人が $k(>1)$ 人いる場合を考える。N 個の部品はすべて同じ故障率 λ と，同じ修理率 μ を持つ。そして，$i=0, 1, 2, \cdots, N$ に対して，p_i を i 個の部品が故障している定常確率とする。k 人の修理人が k 個の部品を修理するとき，1個の部品の修理が終了する修理率は $k\mu$ となることに注意すると，この場合の状態遷移図は，**図5.9** となる。

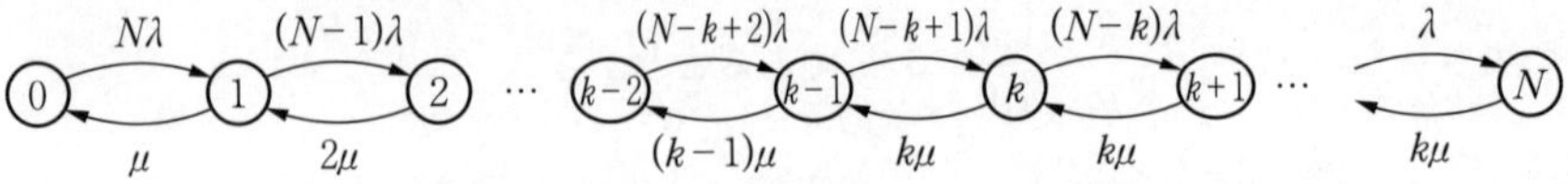

図 5.9　並列システムの状態遷移図（部品の故障率，修理率が同じで，修理人が k 名いる場合）

よって，この場合のバランス方程式は

$$(N-i)\lambda p_i=(i+1)\mu p_{i+1} \qquad (i=0,\ 1,\ \cdots,\ k-1)$$

$$(N-i)\lambda p_i=k\mu p_{i+1} \qquad (i=k,\ k+1,\ \cdots,\ N-1)$$

となる。全確率の公式より

$$\sum_{i=0}^{N} p_i=1$$

が得られ，これより定常確率は

$$p_i=\frac{N!}{(N-i)!i!}\left(\frac{\lambda}{\mu}\right)^i p_0 \qquad (i=1,\ 2,\ \cdots,\ k)$$

$$p_i=\frac{N!k^k}{(N-i)!k!}\left(\frac{\lambda}{k\mu}\right)^i p_0 \qquad (i=k+1,\ k+2,\ \cdots,\ N)$$

$$p_0=\left(\sum_{i=0}^{k}\frac{N!}{(N-i)!i!}\left(\frac{\lambda}{\mu}\right)^i+\sum_{i=k+1}^{N}\frac{N!k^k}{(N-i)!k!}\left(\frac{\lambda}{k\mu}\right)^i\right)^{-1}$$

となる。

並列システムの場合は，すべての部品が故障していなければシステム稼働となるので，漸近アベイラビリティは

$$A=1-p_N=1-\frac{\left(\dfrac{N!}{k!}\right)k^k\left(\dfrac{\lambda}{k\mu}\right)^N}{\displaystyle\sum_{i=0}^{k}\frac{N!}{(N-i)!i!}\left(\frac{\lambda}{\mu}\right)^i+\sum_{i=k+1}^{N}\frac{N!k^k}{(N-i)!k!}\left(\frac{\lambda}{k\mu}\right)^i}$$

$$=1-\frac{\left(\dfrac{N!}{k!}\right)k^k\left(\dfrac{\rho}{k}\right)^N}{\displaystyle\sum_{i=0}^{k}\frac{N!}{(N-i)!i!}\rho^i+\sum_{i=k+1}^{N}\frac{N!k^k}{(N-i)!k!}\left(\frac{\rho}{k}\right)^i} \qquad (5.8)$$

となる。ただし，$\rho=\lambda/\mu$ である。

【例題 5.3】 2 個の部品からなる並列システムを考える。2 個の部品の故障率と修理率は同じであり，それぞれ，$\lambda=1.0$ と $\mu=4.0$ とする。また，修理人は 2 名いる。このとき，漸近アベイラビリティを求めなさい。

解答 $N=2$ と $k=2$ であることより，漸近アベイラビリティは，式 (5.8) から

$$A=1-p_2=1-\frac{\rho^2}{1+2\rho+\rho^2}=\frac{1+2\rho}{1+2\rho+\rho^2}$$

である。また，$\rho=\dfrac{\lambda}{\mu}=\dfrac{1.0}{4.0}=0.25$ であることから

$$A=\frac{1+2\times0.25}{1+2\times0.25+0.25^2}=0.960$$

となる。 ◆

例題 5.2 では修理人が 1 名，例題 5.3 では修理人が 2 名であったが，これらの例題から，修理人を 1 名から 2 名に増やすと漸近アベイラビリティは 0.033 だけ増えることがわかる。つぎに，2 個の部品からなる並列システム（修理人が 1 名と 2 名の場合）および単一アイテム（修理人が 1 名）の三つのシステムにおける，$\rho=\lambda/\mu$ に対する漸近アベイラビリティの変化を**図 5.10** と**表 5.1** に示す。

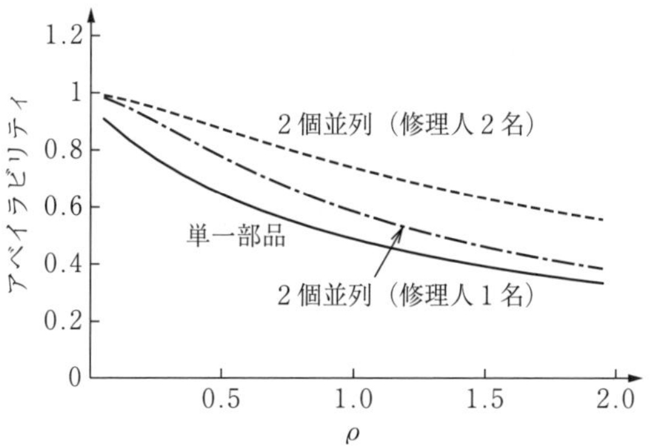

図 5.10 $\rho=\lambda/\mu$ に対する漸近アベイラビリティの変化

表 5.1　$\rho = \lambda/\mu$ に対する漸近アベイラビリティ

ρ	単一部品	並列システム	
		修理人 1 名	修理人 2 名
0.10	0.909	0.984	0.992
0.20	0.833	0.946	0.972
0.30	0.769	0.899	0.947
0.40	0.714	0.849	0.918
0.50	0.667	0.800	0.889
0.60	0.625	0.753	0.859
0.70	0.588	0.710	0.830
0.80	0.556	0.670	0.802
0.90	0.526	0.633	0.776
1.00	0.500	0.600	0.750
1.10	0.476	0.569	0.726
1.20	0.455	0.541	0.702
1.30	0.435	0.516	0.681
1.40	0.417	0.492	0.660
1.50	0.400	0.471	0.640
1.60	0.385	0.451	0.621
1.70	0.370	0.432	0.604
1.80	0.357	0.415	0.587
1.90	0.345	0.399	0.571
2.00	0.333	0.385	0.556

5.4　保全方策の数理モデル

前節では事後保全のみを考えていたが，本節では，それに加え予防保全を考え，さらにコストも考慮した保全の数理モデルについて紹介する[6)]。

5.4.1　年齢取替え方策

本項では，**図 5.11** に示すように，使用開始から故障せずに時間 T（予防保全時間）が過ぎたときに予防的にアイテムの取替えを行い（予防保全，図 (a)），アイテムが故障したときにすぐに取替えを行う（事後保全，図 (b)）ことを

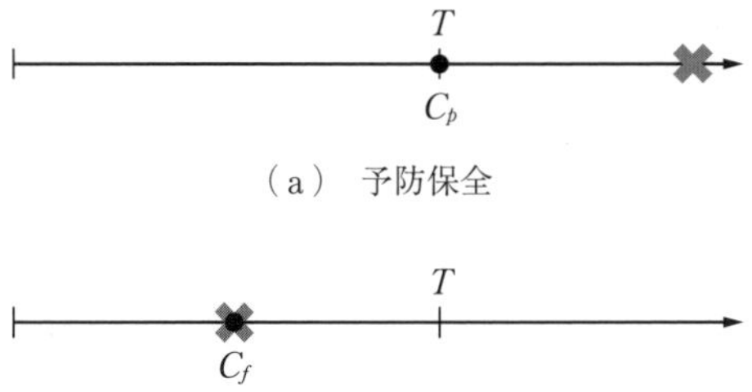

（a）　予防保全

（b）　事後保全

●：修理，取替え　✖：故障

図 5.11　年齢取替え方策

考える。このような方策で行う保全を**年齢取替え**（age replacement）**方策**と呼ぶ。このときに，C_f を故障したときに取替えを行ったときに発生するコスト，C_p を予防的にアイテムの取替えを行ったときに発生するコストとする。ここで取替えを行う場合は考える対象のシステムをすべて新品に取り替えることを仮定する。

年齢取替え方策では，予防保全時間 T を長くすると予防保全に掛かるコストは安くなるが故障により緊急で取り替える機会が増えて，そのためのコストが増加する。逆に予防保全時間 T を短くすると故障回数が減り緊急保全のコストは少なくて済むが，予防保全のコストは高くなることになる。よって，年齢取替え方策において，単位時間あたりのコストを最小とする予防保全時間 T を考えることは有意義となる。

アイテムの信頼度関数を $R(t)$ とすると，予防保全時間が T のときの単位時間あたりのコスト $C(T)$ は

$$C(T)=\frac{C_f-(C_f-C_p)R(T)}{\int_0^T R(t)dt}$$

と表される。$C(T)$ を T で微分した式を 0 とおくと

$$\lambda(T)\int_0^T R(t)dt+R(T)=\frac{C_f}{C_f-C_p} \tag{5.9}$$

となる。式 (5.9) を満足する T が単位時間あたりのコストを最小にすることに

なる。このような T は，$C_f > C_p$ で分布が IFR 分布のときには高々 1 個存在することになる。このときの T を T^* とすると，単位時間あたりのコストは

$$C(T^*) = (C_f - C_p)\lambda(T^*) \tag{5.10}$$

となる。

【例題 5.4】　$C_f=2$ と $C_p=1$ のとき，単位時間あたりの期待費用を最小にする時間 T^* を求めよ。ただし，信頼度関数がワイブル分布

$$R(t) = e^{-t^2}$$

で与えられる。

解答　確率密度関数は

$$f(t) = \frac{-dR(t)}{dt} = 2te^{-t^2}$$

また，故障関数は

$$\lambda(t) = \frac{f(t)}{R(t)} = 2t$$

となる。よって，単位時間あたりのコストを最小にする予防保全時間 T は式 (5.9) より

$$2T\int_0^T e^{-t^2}dt + e^{-T^2} = 2 \tag{5.11}$$

を満足する T を求めると

$$T = 1.091$$

となる[†]。　◆

アイテムの信頼度関数が

$$R(t) = e - t^{\alpha} \qquad (\alpha > 0)$$

で与えられるとき, α と**最適予防保全時間** T^* の関係を**図 5.12** と**表 5.2** に示す。このときの故障率関数は

$$\lambda(t) = \alpha t^{\alpha-1}$$

† 式 (5.11) を満たす T を解析的に求めることは不可能であるが，現在ではこのような方程式を解くための便利なソフトが多くあるので，ソフトを使用すれば数値的に求めることができる。

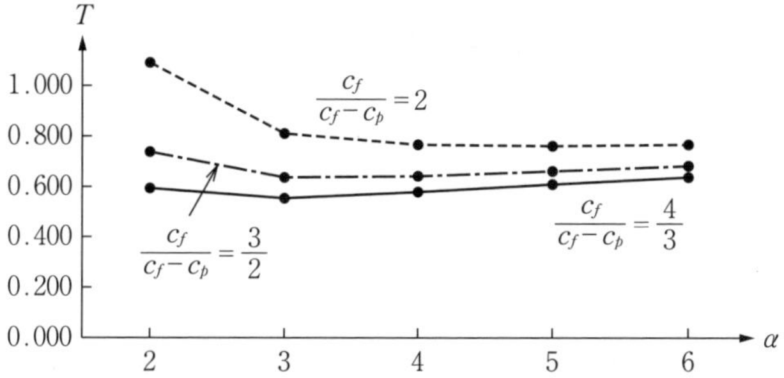

図 5.12　α と最適予防保全時間 T^* の関係

表 5.2　α と最適予防保全時間 T^*

α	$\frac{c_f}{c_f-c_p}=2$	$\frac{c_f}{c_f-c_p}=\frac{3}{2}$	$\frac{c_f}{c_f-c_p}=\frac{4}{3}$
1	∞	∞	∞
2	1.091	0.738	0.594
3	0.810	0.637	0.554
4	0.766	0.642	0.579
5	0.761	0.661	0.609
6	0.767	0.682	0.637

となる。α が大きくなると故障率関数も大きくなり，早くアイテムが故障することになる。そのため，早めに予防保全をする必要があり，最適予防保全時間 T^* は α が大きくなれば短くなる。また，C_f が大きくなると，事後保全を防ぐために最適予防保全時間 T^* は短くなる。

5.4.2　ブロック取替え方策

前項の年齢取替え方策においては，保全を計画的に実施することはできない。ブロック取替え方策は，事前に保全の時間が計画的に実施することが可能である。ブロック取替え方策は，システムは故障時には事後保全を行い，予防保全は決まった時間 $kT(k=1, 2, \cdots)$ で実施する（**図 5.13**）。

システムの故障時間分布を $F(t)$，事後保全の費用を C_f，予防保全の費用を C_p とすると，単位時間あたりの期待費用 $C(T)$ は

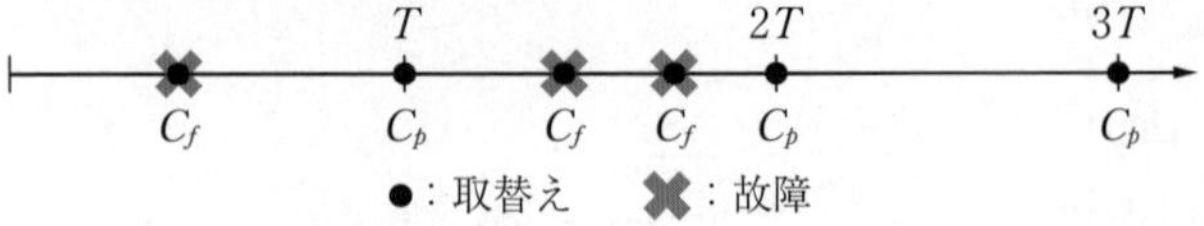

図 5.13　ブロック取替え方策

$$C(T)=\frac{C_f M(T)+C_p}{T}$$

で表される[6]。ここで $M(T)$ は故障の期待発生数であり再生関数と呼ばれる。ここで，費用を最小になる T を求めるために，$C(T)$ を T で微分した式を 0 とおくと

$$Tm(T)-M(T)=\frac{C_p}{C_f} \tag{5.12}$$

となる。ここで $m(T)=\dfrac{dM(t)}{dt}$ である。式 (5.12) を満足する T^* が存在するならば

$$C(T^*)=C_f m(T^*)$$

となる。

5.4.3　小修理を伴う取替え方策

前項までの年齢取替え方策やブロック取替え方策では故障したときには新品に取り替えることを想定していた。しかし，修理に時間が掛かる場合など，応急的な修理を行う場合がある。このような場合は，理論的には，故障率を故障前の状態に戻すと仮定し解析を行うことがある。この修理を小修理と呼ぶ。システムを使用し始めてから故障すると小修理を行い，時間 T において予防保全を実施し新品に取り替えることを考える（**図 5.14**）。

システムの故障時間分布を $F(t)$，新品への取替え費用を C_p，小修理の費用

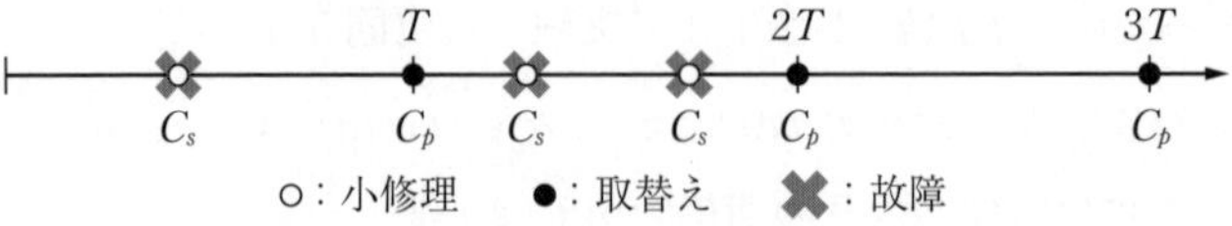

図 5.14　小修理を伴う取替え方策

を C_s とすると，単位時間あたりの期待費用は

$$C(T)=\frac{C_sN(T)+C_p}{T}$$

で与えられる。$N(T)$ は時間 T までに発生する小修理の期待回数であり

$$N(T)=\int_0^T\lambda(t)dt$$

すなわち，累積故障率関数として与えられる。単位時間あたりの期待費用を最小にする時間 T^* は，$dC(T)/dT=0$ より

$$T^*\lambda(T^*)-\int_0^{T^*}\lambda(t)dt=\frac{C_p}{C_s} \tag{5.13}$$

を満足する。さらに

$$C(T^*)=C_p\lambda(T^*)$$

が得られる。

【例題 5.5】 信頼度関数がワイブル分布

$$R(t)=e^{-\beta t^\alpha} \qquad (\alpha>0)$$

で与えられるとき，単位時間あたりの期待費用を最小にする時間 T^* を求めよ。

解答 $\lambda(T)=\beta\alpha T^{\alpha-1}$ であることから

$$T^*\beta\alpha(T^*)^{\alpha-1}-\int_0^{T^*}\beta\alpha t^{\alpha-1}dt=\frac{C_p}{C_s}$$

となり

$$T^*=\left(\frac{C_p}{\beta(\alpha-1)C_s}\right)^{\frac{1}{\alpha}}$$

と得られる。◆

本章では，システムが動作または故障の 2 状態として区別されるとしてきたが，システムは，動作していても新品同様な状態や劣化により故障しやすい状態になっている場合が考えられる。システム状態を監視しその状態が悪ければ取替え，良ければつぎの監視までそのままにするという状態監視保全の数理モデルも多く提案されている[7)]。

5.5 複雑な保全方策計画に向かって

システムはいずれ劣化し故障する。諦めてモノは故障することを前提にシステムを構成する手段もあるが，できるだけ長く使用可能な状態にするには本章で述べた修理することを前提に修理もシステムの構成要素として考えシステムを設計することも重要となる。本章で述べた数理モデルは非常に単純なモデルであり，最近の複雑で大規模なシステムに直接に適用することは難しい。その場合にはシミュレーションにより結果を出すことも一つの手段である。しかし，システムが複雑で大規模になるほどシミュレーションに掛かるコストも膨大となるが，物事の本質を見極めてその重要な要素・要因を抜き出せば本章で述べた数理モデル構築の考え方はシミュレーション設計の際にも有用となる。

章 末 問 題

【5.1】 3個の部品からなる並列システムを考える。3個の部品の故障率と修理率は同じであり，それぞれ，$\lambda=1.0$ と $\mu=4.0$ とする。

（1） 修理人が1名のときの漸近アベイラビリティを求めなさい。

（2） 修理人が2名のときの漸近アベイラビリティを求めなさい。

（3） 修理人が3名のときの漸近アベイラビリティを求めなさい。

【5.2】 N 個の部品のうち k 個の部品が故障するとシステム故障となるシステムは k-out-of-N：F システムと呼ばれる（F は故障（failure）の意味）。k-out-of-N：F システムの漸近（定常）アベイラビリティが

$$A=\frac{\displaystyle\sum_{i=0}^{k-1} i!\rho^i}{\displaystyle\sum_{i=0}^{N}\frac{N!}{(N-i)!}\rho^i}$$

で表されることを証明せよ。ただし，$\rho=\lambda/\mu$ である。

【5.3】 N 個の部品の内 k 個の部品が稼働するとシステム稼働となるシステムは k-out-of-N：G システムと呼ばれる（G は稼働（good）の意味）。修理人1名のときの k-out-of-N：G システムの漸近アベイラビリティが

$$A=\frac{\sum_{i=0}^{n-k} i!\rho^i}{\sum_{i=0}^{N} \frac{N!}{(N-i)!}\rho^i}$$

で表されることを証明せよ。ただし，$\rho=\lambda/\mu$ である。

注）　k-out-of-N:G システムは k-out-of-N 冗長システムと呼ばれることもある。

【5.4】　年齢取替え方策において，予防保全時間 T が式 (5.9) を満たすことを証明せよ。また，そのときの期待費用が式 (5.10) で与えられることを示しなさい。

【5.5】　年齢取替え方策において，$C_f \leqq C_p$ のときの最適予防保全時間 T^* を求めなさい。

6

信頼性設計と評価

製品やシステムの安心・安全は，故障を予防し，たとえ故障が発生しても製品やシステムの信頼性を保障する信頼性設計によって決まると言っても過言ではない。本章では，信頼性設計の基本的な考え方とともに，その評価方法について解説する。

6.1 節では，製品やシステム，装置または部品の信頼性を担保する信頼性設計は，トラブルの再発防止から未然防止へと移行していることを述べる。6.2 節は，潜在的なトラブルを未然に防止するボトムアップ型の信頼性解析である FMEA（故障モード・影響解析）の概要と実施手順を解説する。6.3 節は，トップダウン型の信頼性解析ツールである FTA（故障の木解析）の概要と，基本事象の発生確率からトップ事象の発生確率を定量的に解析する手法を解説する。6.4 節では，代表的な信頼性管理手法である DR（デザインレビュー：設計審査）の概要と実施手順について述べる。6.5 節は，トラブルを未然に回避する設計信頼性の概念であるフェールセーフ，フールプルーフについて説明する。

6.1 信頼性を担保する設計：信頼性設計

信頼性設計とは，製品やシステム，装置または部品が使用開始から寿命を迎えるまでの期間を通して，故障や性能が劣化しないように設計する手法のことである。JIS Z 8115：2019 D1 では，“アイテムに信頼性を付与する目的の設計技術”と定義される。信頼性設計では，数理統計的な手法や管理技術的な手法が相互に補完し合いながら，開発の源流の段階で十分に検討することが重要である。また，設計の段階で信頼性を保障するためには，製造において不具合が発生しにくい設計を導入したり，仮に故障してもすぐに修復でき，故障を未然に回避する保全の設計を導入することが必要である。なかでもトラブルを未然に防止する保全性設計は，社会が求める信頼性に適合する手法である。信頼性設計のトレンドは，トラブルの再発防止から未然防止へと移行している。宇宙開発において一般的に取り入れられている信頼性設計の手法については，8章を参照されたい。

アイテムの信頼性を確保するため，**図6.1**に示すような設計の仕様から生産の設計に至るプロセスに沿って，信頼性設計が行われる。

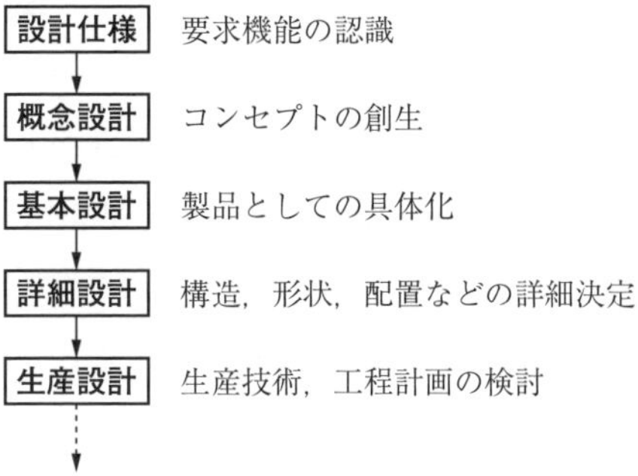

図6.1　信頼性設計のプロセス

6.2　トラブルを未然に防止するボトムアップ信頼性解析：FMEA

トラブルを未然に防止することは，トラブルの原因となる問題を発見し，重要度や緊急度を判断するプロセスが加わるため，再発の防止よりも手間が掛かる活動である。製品やシステムのどの部位で，どのような問題が発生するのかを予測し，重要と判断した問題を回避するための仕組みを設計や製造のプロセスへ組み込まなければならない。つまり，再発防止は問題解決がおもな目的であるのに対して，未然防止は問題発見が中心となるプロセスである。このような潜在的なトラブルに対応する未然防止解析を**プロアクティブアプローチ**（proactive approach）と言う。**FMEA**（failure mode and effects analysis：**故障

モード・影響解析）は，製品設計や工程設計に関する問題を故障モードに基づいて抽出し，設計の段階で使用時に発生する問題を明らかにする目的で実施されるボトムアップ型の信頼性解析ツールである。なお，宇宙開発におけるFMEAの実施例については，8章を参照されたい。

6.2.1　FMEA の 概 要

JIS Z 8115：2019 AN10によれば，FMEAは“下位アイテムに生じ得る故障モード及びフォールト（故障状態）の調査，並びに様々な分割単位に及ぼすそれらの影響を含む定性的な解析方法”と定義している。**図 6.2** に示すように，故障は部品が持つ固有の特性に対して，環境や運用の条件が変化することによるストレスが原因となって発生する。この部品の故障が上位のユニット，サブシステムさらにはシステム全体の故障につながる。FMEAは部品などの故障状態，現象（**故障モード**）に着目し，システムに与える影響が大きい故障モードを抽出し対策を施すために実施される。故障モードとは，部品やコンポーネントの断線，折損，摩耗，特性の劣化などの構造の破壊のことを言う。FMEAは機械の故障のみを対象とするのではなく，プロセスの不具合やヒューマンエ

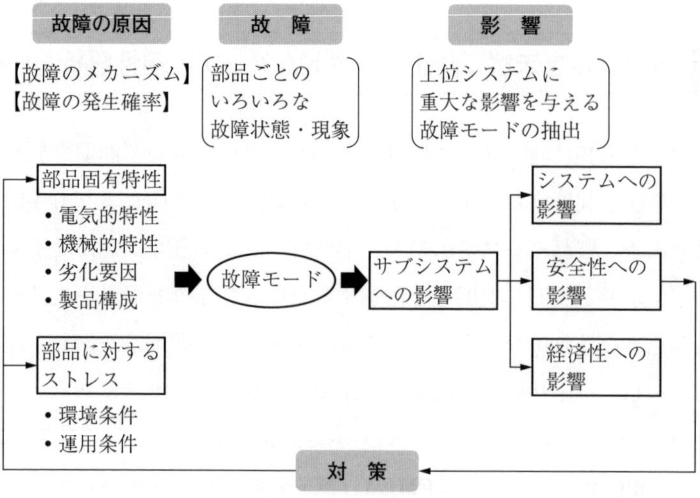

図 6.2　FMEA の概念

ラーなど種々のトラブルの未然防止に役立つ手法である。最近では，製造業や販売業のみならず，医療，教育，接客などのサービス業においても利用されるようになってきている。

FMEA を実施する目的を以下に示す[1]。

① システムの機能へ望ましくない影響をもたらす故障を明らかにする。
② システムの信頼性・保全性・安全性を改善する。

また，FMEA はつぎのような効果が期待できる[2),3)]。

① 潜在的な問題の早期発見
② 固有技術の総合化
③ 試験・評価の効率化
④ システムの安全性の向上
⑤ 設計リードタイムの短縮
⑥ 後工程への品質情報提供
⑦ 技術評価情報のデータベース化

6.2.2　FMEA の実施手順[4)]

FMEA は大きく分けて，問題の予見と故障モードの抽出，解析のプロセスに沿って実施される。**図 6.3** は FMEA の二つのプロセスを示す。なお，FMEA は**図 6.4** に示される準備からフォローアップに至る 11 の STEP に従って実施

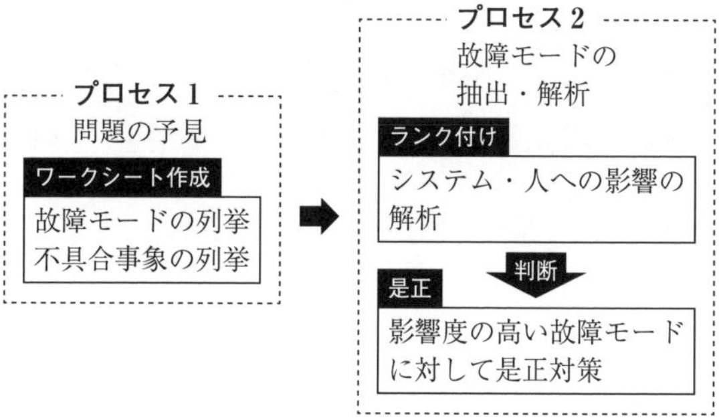

図 6.3　FMEA の二つのプロセス

STEP 1：FMEA の準備

↓

STEP 2：解析対象の機能の理解と解析レベルの決定
STEP 3：ワークシートの選定
STEP 4：対象部位と要求される機能の記述
STEP 5：故障モードの列挙
STEP 6：故障モードの影響の記述
STEP 7：故障モードの影響の評価
STEP 8：危険優先数の算出と故障モードの絞り込み
STEP 9：故障原因の記述
STEP 10：対策事項・対策方法の記述

↓

STEP 11：フォローアップによる確認

図 6.4　FMEA の実施手順

する。STEP 4 からは FMEA の作業シートを記入しながら進める。設計に関する FMEA を例にして手順を説明する。

STEP 1：準備　　FMEA を実施する目的を明確にしたあと，設計者と FMEA を熟知する品質保証担当者を含めた複数名のメンバーでチームを構成する。

STEP 2：解析対象の機能の理解と解析レベルの決定

① **信頼性要求の確認**：システムに求められる機能，使命期間，信頼性要求を明らかにする。その際，使用する場所，人，使い方などの使用環境条件を十分に把握する。

② **構造・機能の把握と解析レベルの決定**：機能に着目した信頼性ブロック図などを利用して，システムを構成するサブシステムや部品を整理し，FMEA 解析の対象レベルを決定する。石油ファンヒーターの信頼性ブロック図の例を**図 6.5** に示す。なお，信頼性ブロック図については，4 章を参照されたい。

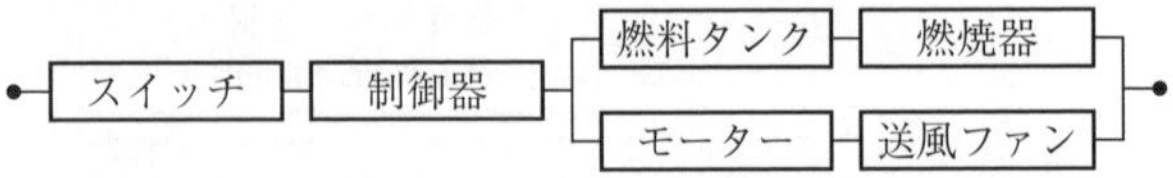

図 6.5　石油ファンヒーターの信頼性ブロック図の例

STEP 3：ワークシートの選定　FMEA では，システムの構成要素ごとに，故障モード，推測される故障原因，局所的影響，システムへの影響，故障への保証対策，影響の厳しさ区分，故障の発生頻度などを列挙できるような様式の**ワークシート**を作成する。その一例を**表 6.1** に示す。

表 6.1　FMEA のワークシート

名　称	機　能	故障モード	故障モードの影響	故障モードの			重要度	推定原因	是正対策
				厳しさ	頻　度	検　出			
締め付け金具	ホースを固定する	ネジがゆるむ	ゴムホースが外れる	5	1	2	10	取付け力が弱い	構造を変更する
		ネジが切れる	ゴムホースが外れる	5	1	1	5	締め付けトルクが大きい	トルクレンチを使用する

STEP 4：対象部位と要求される機能の記述　解析するシステム，サブシステム，部品などの名称をワークシートに記入し，解析する部位に要求される機能を整理して列挙する。

STEP 5：故障モードの列挙　使用期間中に対象部位において発生する可能性がある故障モードを，技術的な観点から予測し列挙する。

STEP 6：故障モードの影響の記述　上位システム，後工程や使用者に対する故障モードの影響を記述する。

STEP 7：故障モードの影響の評価　評価基準に基づいて，評価項目ごとに各評価モードのランク付けを行う。

STEP 8：危険優先数の算出と故障モードの絞り込み　評価項目のランクが確定したあと，各故障モードの**危険優先数**（risk priority number：RPN）を算出する。さらに算出した RPN に基づいて，対策が必要な故障モードを選び出す。表 6.1 では，厳しさ，頻度，検出の故障モードのポイントを掛け合わせて重要度を算出している。故障モードのポイントの配分には，等差法，等比法，混合法などのルールがある。表 6.1 は 1 ポイントきざみの等差法で表されており，ポイントの規定は

ポイント 1：きわめて低い

ポイント 2：低い

ポイント 3：中程度

ポイント4：高い

ポイント5：きわめて高い

としている。ここで等差法とは差が一定となるようにポイントを決める方法であり，等比法は二つの比が等しくなるようにポイントを定めること，混合法は等差と等比を組み合わせたポイント配分の方法である。

STEP 9：故障原因の記述　対策が必要と判断される故障モードのみに着目し，その故障モードを引き起こすおもな原因を列挙する。

STEP 10：対策事項・対策方法の記述　STEP 8で対策が必要と判断した故障モードに対して，STEP 9で列挙された原因を除去するための対策やその方法を記述する。

STEP 11：フォローアップによる確認　対策が施されたあとに，対策完了日や対策による評価ランクの軽減効果を記録する。

6.2.3　FMEAの注意事項[5)]

FMEAを活用する際の留意点は以下のとおりである。

① 対象とするシステムの信頼性ブロック図を作成すること。FMEAの解析に必要な技術分野や技術経験などを考慮して，FMEAの分析に参画する技術者をメンバーとして選定すること。

② FMEAによる分析を詳細に進めると，多大な工程を要することになる。分析の対象となる範囲などを事前に検討しておくこと。

③ FMEAの実施による成果を評価する。すなわち，ワークシートを作成し，是正方策によって改善策が実施されたあとに，故障モードのRPNがどのくらい向上したのかを評価すること。

④ FMEAを実施し，製品開発や生産が終了したあとに，FMEAでは取り上げなかった故障モードに気付くことがある。このような場合は，その理由を十分に検討して，今後の技術向上に役立てること。

【例題 6.1】 オーブントースターのタイマーの機能を考えて，**表 6.2** の①〜⑧を記入して FMEA シートを完成させなさい。

表 6.2 FMEA シート（オーブントースターのタイマー）

部品名	機　能	故障の状態	故障の原因	故障の影響	影響度	調査方法	防止方法
タイマー	加熱時間の調整	スイッチが入らない	動作不良	①	③	⑤	⑦
		スイッチが入らない，切れない	タイマー機能の喪失	②	④	⑥	⑧

解答例 **表 6.3** に解答例を示す。

表 6.3 FMEA シート（オーブントースターのタイマー）

部品名	機　能	故障の状態	故障の原因	故障の影響	影響度	調査方法	防止方法
タイマー	加熱時間の調整	スイッチが入らない	動作不良	① 加熱できない	③ 致命的	⑤ 導通チェック	⑦ ・製造時の検査 ・取扱説明書による適正な使用方法の喚起
		スイッチが入らない，切れない	タイマー機能の喪失	② 過熱される	④ 重大	⑥ タイマーの動作音チェック	⑧ ・製造時の検査 ・取扱説明書による適正な使用方法の開示

◆

6.3 トラブルを未然に防止するトップダウン信頼性解析：FTA

JIS Z 8115：2019 AN1 では故障解析を“故障原因，故障メカニズム，故障原因及び故障が引き起こす結果を識別し，解析するために行う，故障したアイテムの論理的かつ体系的な調査検討”と定義している。その目的は，解析そのものではなくアイテムの要求機能達成のための方策を提示することにある。さらには，原因の除去や予防策の考察を通して，故障による被害を最小にすることである。**FTA**（fault tree analysis：**故障の木解析**）は，上位アイテムにおいて最も望ましくない事象をあらかじめ仮定し，事象発生の経緯や原因，確率を分析するために，事象記号や論理記号を用いて，その発生の経過を遡って評価するトップダウン型の信頼性解析ツールである。またFTAは，故障，不具合，失敗など望ましくないできごとの原因を探るのに適した手法である。なお，宇宙開発におけるFTAの実施例については，8章を参照されたい。

6.3.1　FTA の 概 要

FTAとは，信頼性または安全性のうえで，その発生が好ましくない事象を引き起こす要因を連鎖的に展開し，因果関係を論理記号と事象記号を用いて**樹形図**（**FT図**）に図示し，対策を打つべき発生経路，発生要因，発生確率を解析する手法である。FMEAが，システムやプロセスの構成要素に着目し，故障モードを中心に置いて，システムやプロセス全体への影響メカニズムや故障モード発生メカニズムを検討する影響解析であるのに対して，FTAは**図6.6**に示すように，システムやプロセスの事故や故障など起こしてはならない重大な事象を**トップ事象**（上位アイテム）として捉え，その発生要因を展開してゆく信頼性解析ツールである。FMEAに比べて解析範囲は狭いが，発生確率を容易に，また定量的に計算できる利点がある。また，**図6.7**に示すように，FMEAにて影響度が高い故障モードが抽出されたあと，その原因を徹底的に追求したい場合に効果的な手法と位置付けられている。近年では，生産事故や製品故障の原因究明のみならず，医療・環境の安全や，接客サービスのトラブル防止などへの適用が進んでいる。

FTAを実施する目的を以下に示す。

① 障害の原因を特定する。

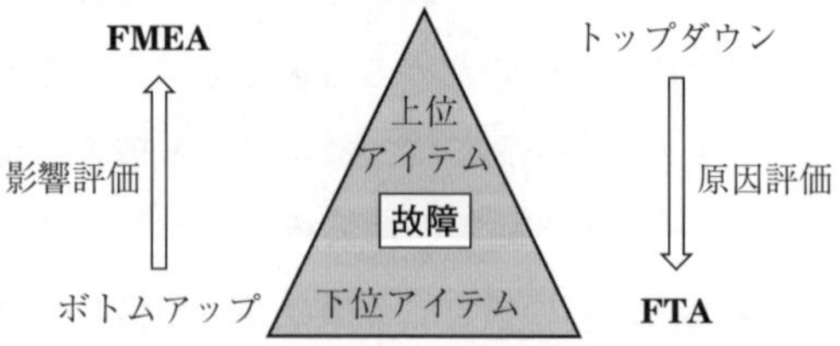

図6.6　FMEAとFTAの基本的取り組み方[6]

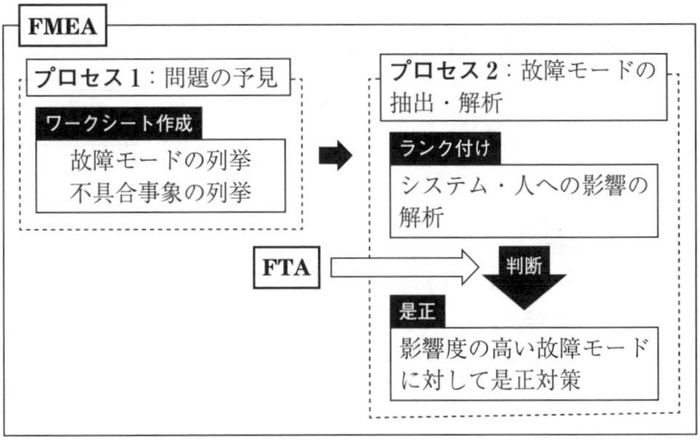

図 6.7　FMEA と FTA の位置付け

② システムの弱点を発見する。

③ 設計の信頼性または安全性を評価する。

④ ヒューマンエラーの影響を特定する。

⑤ 不具合の要因の優先順位付けを行う。

⑥ 失敗確率とその要因を定量化する。

⑦ システムの効果的な評価と改善を促進する。

⑧ テストとメンテナンスを最適化する。

6.3.2　論理記号と事象記号

FTA では，対象とするシステムの破損を頂上事象として，それに関する下位事象を AND や OR の論理で結合する。さらに，それらの下位事象について同様な操作を繰り返し，それ以上展開できない基本事象に至るまで続ける。論理記号である **OR ゲート**および **AND ゲート**を含む FT 図の例を**図 6.8** に示す。

FT 図は，最上位の不都合な事象から始めて，根本原因を探る目的で順次展開してゆき，最終的に展開不能な事象に到達するまでの経路を表現した図である。図 (a) は，電源，PC 本体，ディスプレイで構成されるパーソナルコンピュータにおいて，“使えなくなる” という頂上事象は，“漏電”“PC 本体故障”“ディスプレイ故障” という下位事象の中で少なくとも一つが生じる場合

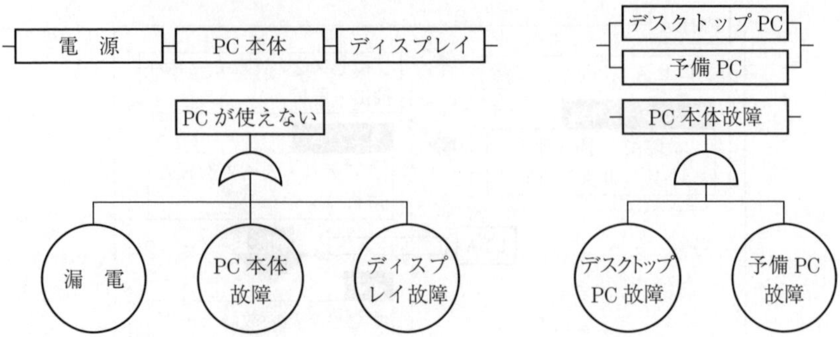

（a）直列系と OR ゲート　　（b）並列冗長系と AND ゲート

図 6.8　システム構造と二つの論理記号

に発生する現象であるため，頂上事象と下位事象は論理和である OR ゲートで連結されている。FT 図に用いられる論理記号および事象記号を**表 6.4** にまとめる。なかでも FT 図で最も用いられる論理記号は OR ゲートと AND ゲートである。

表 6.4　FT 図に用いられる論理記号および事象記号

	記　号	名　称	説　明
論理記号		AND ゲート	すべての下位事象が同時に発生するとき上位事象が発生する
		OR ゲート	下位事象のいずれかが発生するとき上位事象が発生する
		NOT ゲート	入力事象が生じない場合に出力事象が生じる
事象記号	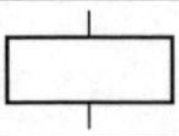	事　象	故障，不具合などの現象
	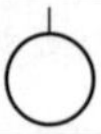	基本事象	これ以上は展開しない基本的な事象
	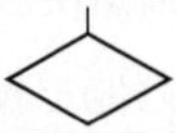	否展開事象	情報不足でこれ以上展開できない事象
	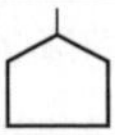	家型事象	自然現象など通常発生しうる事象

OR ゲート：事象の中の少なくとも一つが発生するとき上位事象が発生する記号で，入力事象のいずれか一つが存在するときだけ出力事象が発生する論理和を示す。

AND ゲート：すべての下位事象が同時に発生するとき上位事象が発生することを示す記号で，すべての入力事象が共存してはじめて出力事象が発生する論理積である。

6.3.3　FTA の実施手順[4)]

FTA は，FT 図の作成と FT 図の解析の二つのステップで構成される。具体的には以下の STEP 1 から STEP 5 である。

コラム 6：0 と 1 だけを扱う特別な数学！？—ブール代数—

19 世紀中ごろのイギリスに，哲学を専門としながらも数学が得意なジョージ・ブール（George Boole）という学者がいた。ブールの専門分野である哲学には三段論法という概念がある。それは，“すべての人間は死ぬ／ソクラテスは人間である／したがって，ソクラテスは死ぬ”というような推論をする方法である。この三段論法を 1 または 0 の二つの演算で証明したのが，ブールが提唱したブール代数である。その後 100 年ほど経過し，ブールが示した考え方が注目されることとなるのがコンピュータの設計であった。コンピュータの頭脳である**中央演算処理装置**（central processing unit：CPU）の基本的な構成は，一方から 0 か 1 の信号，もう一方からも 0 か 1 が入ってきたとき，“両方とも 1 のときのみ 1”という信号を出力する装置と，“どちらかが 1 であれば 1”という信号を出力する装置を複雑に組み合わせている。これは一種の論理代数であり，論理代数におけるすべての演算は，図 6.8 にあるような論理積（AND），論理和（OR），論理否定（NOT）の三つの基本演思算で表現できる。ブール代数と言うと，とても高度で難解な数学のようにわれがちだが，私たちが毎日使っているコンピュータの基本原理として応用されており，私たちが手軽に数値計算をしたり，データを処理することができるのは，このブール代数のおかげなのである。

STEP 1：トップ事象の選定　　システムにおいて発生してはならない重大な事故・故障の事象をトップ事象として選定する。

STEP 2：1次要因の決定　　トップ事象に直結する**1次要因**を定める。1次要因は互いに独立したいくつかの事象であり，システムの主要な機能に関連して決定される。

STEP 3：FT図の作成　　展開可能な1次要因に関して，さらに**2次要因**，**3次要因**などを列挙し，表6.4に示した事象記号，論理記号を用いて展開しFT図を作成する。

STEP 4：トップ事象に対する要因　　作成したFT図により，トップ事象に対して影響度が高い基本事象を抽出し，対策を検討する。

STEP 5：トップ事象の計算　　各基本事象の発生確率に基づいて，トップ事象の発生確率を計算する。また，各基本事象に技術的な対策を施すことによる，トップ事象の発生確率の低減を検証する。

STEP 4とSTEP 5がFT図の解析に相当する。

6.3.4　FTAによる定性的解析[4)]

STEP 3まで進みFT図が完成すると，トップ事象と多くの発生要因との因果関係を視覚的に捉えることができる。さらに対策を講じる基本事象を絞り込む際には，トップ事象への影響が大きい基本事象を特定するための定性的方法として，**最小カット集合**を利用することがある。

最小カット集合とは，トップ事象を発生させうる最小の基本事象の組合せである。**図6.9**に示すFT図では，{A，B}と{A，C}が最小カット集合であり，いずれかの事象の組合せが起こるとトップ事象Tが発生する。{A，B，C}はトップ事象を発生させる基本事象の組合せであり，**カット集合**と呼ばれる。

最小カット集合を求めるためには，ブール代数を利用する。FT図をブール代数で表現するためには，ANDゲートを積，ORゲートを和で表す。図6.9のFT図をブール代数で表すと

$$T = A \cdot G = A \cdot (B + C) = A \cdot B + A \cdot C$$

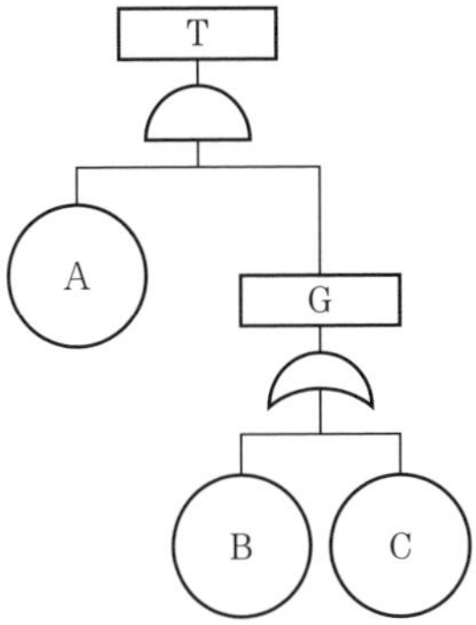

図 6.9　FT 図と最小カット集合

となり，右辺の積から最小カット集合は {A，B} と {A，C} と求められる。この場合，事象 A が最小カット集合に共通して含まれることから，事象 A の発生を設計で抑制することにより，トップ事象の発生を回避できる。

6.3.5　FTA による定量的解析[4)]

FT 図より，基本事象の発生確率からトップ事象の発生確率を計算することができる。そのためにつぎの論理記号に関する規則に準じる。

OR ゲート：上位事象の発生確率は下位事象の発生確率の和

AND ゲート：上位事象の発生確率は下位事象の発生確率の積

例えば前出の図 6.8 において，基本事象の発生確率をすべて 0.001 として，トップ事象の発生確率 Pr を推定するとき

OR ゲートの場合（図 (a)）

$$Pr = 0.001 + 0.001 + 0.001 = 0.003$$

AND ゲートの場合（図 (b)）

$$Pr = 0.001 \times 0.001 = 1 \times 10^{-6}$$

となる。

FTA による定量的解析にあたって，注意点は以下の二つである。

〔1〕 **OR ゲートでの計算方法**　　図 6.8 (a) の直列系における信頼度 R は構成要素の信頼度の積で求められる。

$$R = (1 - 0.001) \times (1 - 0.001) \times (1 - 0.001)$$

$$= 1 - (0.001 + 0.001 + 0.001) + 3 \times 0.001^2 - 0.001^3$$

$$\fallingdotseq 1 - (0.001 + 0.001 + 0.001)$$

となり，トップ事象の発生確率 F を

$$F = 1 - R \fallingdotseq 0.001 + 0.001 + 0.001$$

で推定する。

〔2〕 **ANDゲートでの計算方法**　図6.8(b)の並列系における信頼度 R は，構成要素の不信頼度の積を求め，それを1から引いて求める。トップ事象の発生確率 F は

$$F = 0.001 \times 0.001 = 1 \times 10^{-6}$$

となり，信頼度 R は

$$R = 1 - F = 1 - (1 \times 10^{-6})$$

である。

複数の同一事象が現れるFT図の場合は，同一事象を一つにまとめたFT図に変形して定量的解析を進める必要がある。**図6.10**(a)は2基のポンプA，Bが並列に構成され，2基のポンプのうち，1基が稼働して排水が可能な排水装置のFT図である。停電が発生してポンプA，Bの電源が消失したときのトップ事象の発生確率を求める場合は，ORゲートを用いて停電の基本事象を一つにした図(b)を用いなければならない。

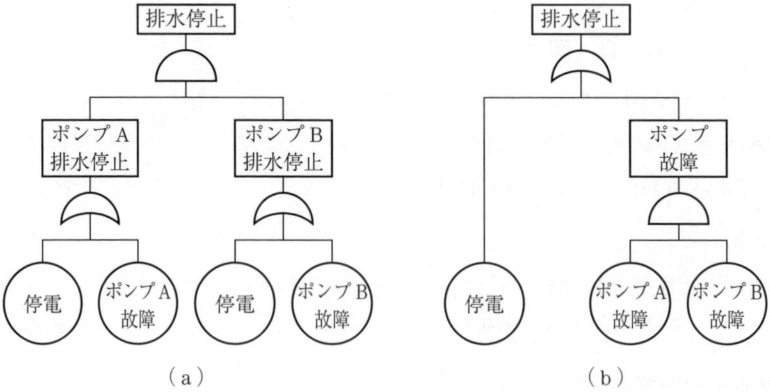

図6.10　同じ意味を持つ二つのFT図

【例題 6.2】 AND ゲートと OR ゲートで構成される FT 図の基本事象の発生確率が**図 6.11** のように示されるシステムのトップ事象 A の発生確率を求めよ。

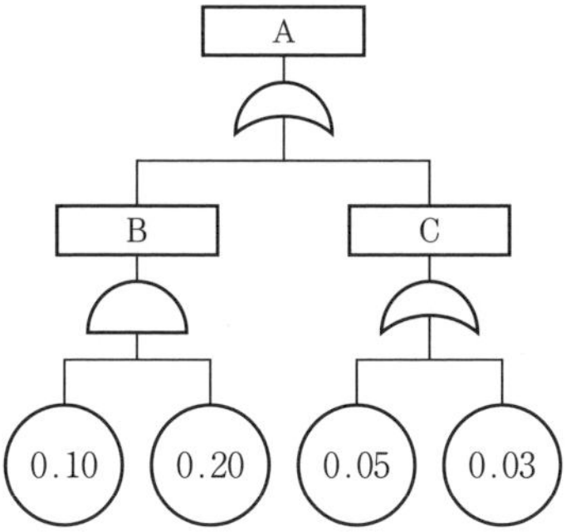

図 6.11　FT 図

解答例　基本事象の発生確率 0.10 と 0.20 が AND ゲートで接続された事象 B の発生確率は

$$Pr(B)=0.10\times 0.20=0.02$$

となる。また，基本事象の発生確率 0.05 と 0.03 が OR ゲートで接続された事象 C の発生確率は

$$Pr(C)=0.05+0.03=0.08$$

となる。事象 B と事象 C が OR ゲートで接続されたトップ事象 A の発生確率は

$$Pr(A)=0.02+0.08=0.10$$

となる。基本事象の生起確率を低下させるような改善策を講じることによって，トップ事象の発生確率を抑制することができる。　◆

6.4　トラブルを未然に防止する信頼性評価：DR

信頼性管理は**ディペンダビリティマネジメント**（dependability management）と言われ，製品のライフサイクルのすべての段階にわたり，種々の信頼性技術を駆使して，効率良く成果を上げるための目標管理の方法である。多様な信頼性の管理体制や管理手法の中でも，**デザインレビュー**（design review：**DR**）

は提案された設計の適切性，妥当性，有効性を判定するために行う，代表的な信頼性マネジメント手法である。

6.4.1 DR の 概 要

JIS Z 8115：2019 M17によれば，DRとは“当該アイテムのライフサイクル全体にわたる既存又は新規に要求される設計活動に対する，文書化された計画的な審査”と定義される。すなわち，信頼性，安全，機能，性能，価格，納期などの観点から，設計不良の防止を目的として，設計段階で問題点を発見する**図6.12**のような流れに沿って，アイテムの改善を図るための取組みである。例えば，製品開発におけるDRでは，確実に品質を作り込み，後工程の活動をスムーズに実行するため，設計開発プロセスにおける仕様書や設計書，図面，プログラムなどを，営業・経理・生産管理などの責任者とともに検証する。

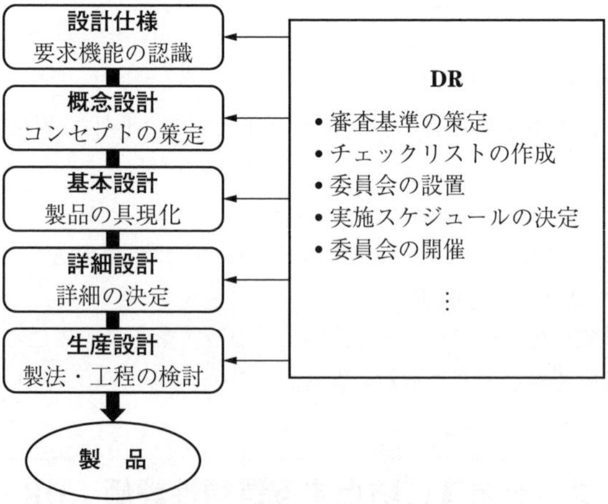

図6.12　デザインレビューの流れ

DR実施の効果として，つぎのようなことが期待できる。

① **信頼性・品質の向上**：設計や生産準備段階において発生する不具合を未然に防ぐ。

② **コストの低減**：過剰品質のつくり込みを回避して製品コストを下げる。

③　**開発期間の短縮**：製造開始後の設計変更やトラブル対応の削減により，開発期間の短縮をもたらす。

6.4.2　DR の実施手順[5]

効果的な DR を継続的に実施することは，品質保証の水準向上につながる。つぎの STEP 1 から STEP 4 を確実に実行することで，効果が期待できる。

STEP 1：チームの編成　　DR の内容とねらいを明確にしたあと，DR で取り上げる課題を熟知した複数名のメンバーでチームを構成する。

STEP 2：資料の配布　　DR に必要な文書資料やスケジュールをチームメンバーに配布する。メンバーは事前に資料を検討し，設計変更が必要な事項は設計変更提案書にまとめる。

STEP 3：DR の実施　　メンバー全員が意見を述べ，効率的に DR を実施する。**表 6.5** のような品質機能や設計の項目を含むチェックリストを活用することが望ましい。また，DR の内容は議事録にまとめる。製品開発における DR では，品質の確保と向上，開発期間の短縮と納期の遵守を達成するため，表 6.5 のような品質機能や設計・製造の項目を含むチェックリストを活用することが望ましい。また，DR の内容はつぎの設計開発に役立つように，情報を整

表 6.5　DR のチェックリスト

チェック項目		チェック	コメント
設計品質			
1	製品の仕様は要求機能を満足しているか		
2	使いやすさ，安全性，信頼性へ配慮しているか		
3	危険，事故に対する検討をしているか		
4	法令，規制への対応は徹底しているか		
5	環境への配慮はなされているか		
製造品質			
1	JIS などの標準規格を満たしているか		
2	製造設備の能力が反映されているか		
3	製造容易性が考慮されているか		

理し記録しておく。

STEP 4：DR のフォロー　　指摘事項，設計変更，処置すべき項目の終了期限，確認方法などを記録し，確実なフォローを行う。

コラム7：一貫した設計・生産・信頼性活動—コンカレントエンジニアリング—

自動車の研究開発費はどのくらいかご存知だろうか？ 昨今の自動車はそのパワートレインがガソリンからハイブリッド，電気，水素と速いスピードで進化しており，AI や自動運転などの安全技術の開発も社会から求められている。そのような背景を受けて，国内企業の研究開発費トップ 30 のうち，1 位から 3 位はよく知られている自動車メーカーが独占している。国内需要の冷え込みや海外メーカーの台頭などもあり営業利益は減少しているが，その額は年々増加の一途をたどっている（**図 1**）。

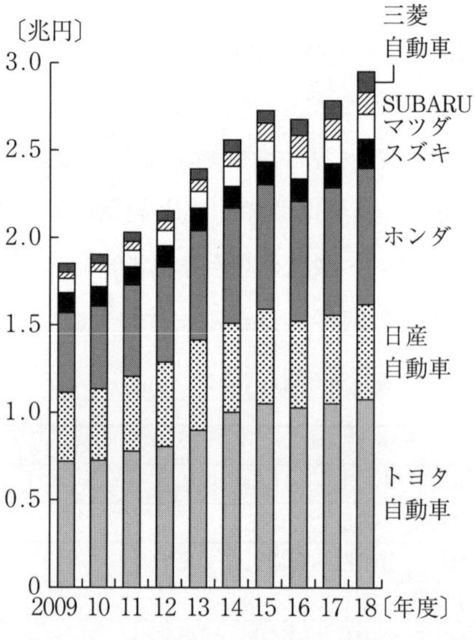

図 1　自動車研究開発費の年度推移[8]

日本の製造業は一つひとつの部品を調和させながら，きめ細やかな品質を作り込む，すり合わせ型のものづくりである。その一方で，多様なニーズに素早く対応する開発力が求められるようになり，すり合わせ型はスピードとコストの両面で競争力を失いつつある。そこで注目されている新しい品質保証ステップに**コンカレントエンジニアリング**（concurrent engineering）

がある。コンカレントエンジニアリングとは，製品開発過程の複数の工程を同時に行い，各部門間で情報共有を行い，開発期間の短縮やコストの削減を行う同時進行技術活動のことである。順番に行ってきた開発過程を同時並行で行うことで，開発期間の短縮と多品種少量生産を実現しようというものである。ある自動車メーカーは，コンカレントエンジニアリングを中心とした新しい自動車の開発・生産のシステムにより，ハイブリッド技術を使わずガソリン1Lあたりの燃費30 kmを達成する内燃機関を開発した。日本のものづくりは，市場競争力や設計・生産の合理化をテコとして，新しいフェイズに入ってきている（**図2**）。

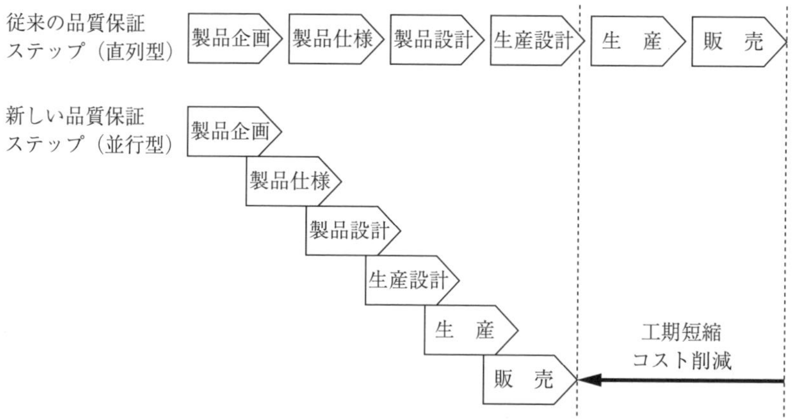

図2　従来の品質保証ステップと新しい品質保証ステップ

6.5　トラブルを未然に回避する信頼性概念：フェールセーフ，フールプルーフ

安全を第一に設定し，エラーリカバリの思想や冗長性を積極的に取り入れることによって，故障に対して強いシステムを実現するための信頼性設計の概念を**フォールトトレラント**（fault tolerant）と言い，その考え方を**図6.13**に示す。

エラーリカバリを積極的に採用することによって，故障に強いシステムを実現し，安心安全を担保しようとするものである。安全は信頼性と深い結びつきがあり，人間の負傷や死亡，アイテムの損失や損傷を与える危険な状態に対す

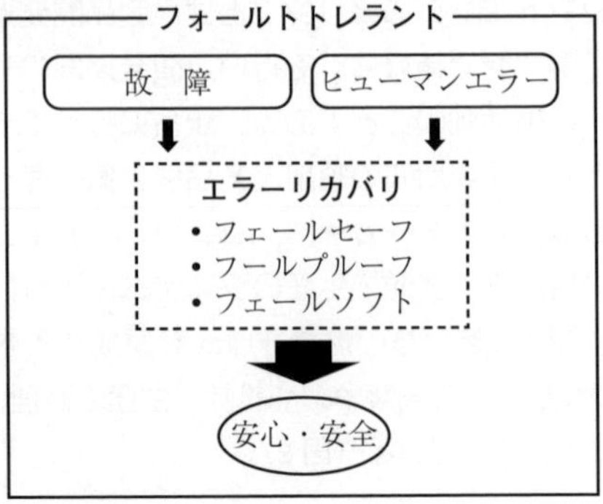

図 6.13　フォールトトレラントの考え方

る対応を対象としている。安全に関する視点から信頼性を確保するための技術が，**フェールセーフ**（fail safe）や**フールプルーフ**（fool proof）などのエラーリカバリに関連する設計上の信頼性概念である。

6.5.1　フェールセーフ

製品やシステムに異常が生じたとき，人間に危害が及ばないように，安全な状態に保持する手段をフェールセーフと言う。このフェールセーフの考えに基づく本質安全設計の例として，鉄道の踏切は電気系統が故障したり，停電が原因でバーが動かなくなった場合でも，重力でバーが下がって自動車や歩行者を線路内に侵入させない仕組みになっている。また，地震などで倒れると自動的にスイッチが切れる電気ストーブもフェールセーフの本質安全設計である。フェールセーフは JIS Z 8115：2019 D16 のディペンダビリティ用語では，“故障時に，安全を保つことができるシステムの性質”と定義されている。

6.5.2　フールプルーフ

耐久性や保全性が高くても，使用者が誤った使い方をすることで故障が発生することがある。誤使用の多くは設計の工夫で回避できるため，人間の特性を考慮した製品やシステムの設計が求められる。自動車ではブレーキを踏んでいないとシフトレバーをパーキングから動かすことができない機構によって誤作動を回避している。また，ドアを閉じていないと動かない電子レンジも同様である。フールプルーフは JIS Z 8115：2019 D18 のディペンダビリティ用語において，“人為的に不適切な行為又は過失などが起こっても，アイテムの信頼性及び安全性を保持する性質”と定義されている。

コラム 8：信頼性の安全設計思想―フェールセーフとフールプルーフ―

事故が起こることを想定した守りの設計思想フェールセーフ，事故を起こさないようにする攻めの設計思想フールプルーフ。事例を挙げてその違いを紹介しよう。

フェールセーフの事例には例えば，新幹線がある。時速 250 km もの新幹線が走っているときに地震が起きたらどうなるだろうか。車両が壊れるだけでなく，乗客にケガ人が出てしまうだろう。地震のようなトラブルが発生したときは，すぐに新幹線を緊急停止させ，人や車両の安心・安全を確保しなければならない。この新幹線を緊急停止させるシステムこそがフェールセーフである。新幹線の走行制御システムはもちろんのこと，事故が起こることを想定したフェールセーフの設計思想が必要不可欠になる。システムが故障しても，とにかく安全だけは確保する安全第一の考え方，それがフェールセーフである。

フールプルーフの事例は，例えば，私たちが毎日使い，日常にあふれている電子レンジが挙げられる。電子レンジはマイクロ波と言う電磁波によって水を振動させることにより食品を加熱する装置である。もしドアを開けたままでも作動する電子レンジがあれば，マイクロ波が漏れ出し，DNA の損傷やがんの発症など，私たちの健康をおびやかす可能性がある。つまり，使い方を知らない，あるいは誤って不適切な操作を行なっても危険を生じないような設計上の工夫がされている。これがフールプルーフである。

福島第一原発の事故が契機となり，製品やシステムの信頼性・安全性が社会問題になった。製品やシステムは設計の段階で信頼性が作り込まれていないと製造や保全でカバーすることは困難である。信頼性設計は，機械技術者・設計者にとって最も重要な技術の一つなのである。

章末問題

【6.1】 故障モード・影響解析（FMEA）を行う目的として正しいものを，下記の①から④の中から選びなさい。

① 設計の弱点を除去する。

② 技術的な問題を解決する。

③ 生産の可能性を特定する。

④ 根本原因を決定する。

【6.2】 ①，②，③に当てはまる語句を答えなさい。

（ ① ）とは，信頼性または安全性のうえで，その発生が好ましくない事象を引き起こす要因を連鎖的に展開し，因果関係を（ ② ）と（ ③ ）を用いて樹形図に図示し，対策を打つべき発生経路，発生要因，発生確率を解析する手法である。

【6.3】 JIS Z 8115：2019 が定めるデザインレビュー DR の定義を説明しなさい。

【6.4】 **図 6.14** に示す AND ゲートと OR ゲートで構成される FT 図の基本事象の発生確率が図中の数のように示されるシステムのトップ事象 A の発生確率を求めなさい。

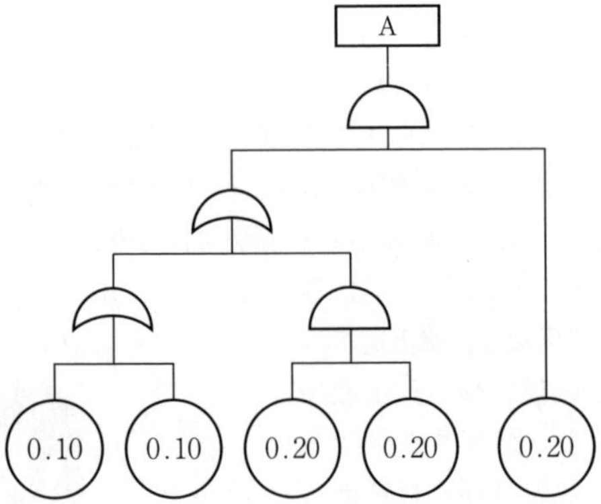

図 6.14　FT 図

7
安　全　工　学

現代の高度な科学技術により成り立つ社会では，輸送システム・化学プラント・発電所から情報システム・医療分野に至るまで安全は重要なテーマである。

それぞれの分野において安全性を確保するための対策・考慮事項は詳細化，最適化されるが基本的な考え方は変わらない。

本章では安全工学の概要を説明する。7.1 節において安全の定義について述べ，システム安全および安全性と信頼性の関係について説明する。7.2 節において安全工学の基本的な考え方であるリスクアセスメントの概要を述べ，7.3 節では安全解析と低減策の具体的な手法を紹介する。リスクマネジメントは未然防止の取組みであるところ，事後の危機管理について 7.4 節にて述べる。そして，7.5 節にてリスクの受容性について説明する。

7.1　安全工学の役割

7.1.1　安 全 の 定 義

日本では安全は作業現場や運転者の努力により実現されてきた。また，規制を行い，管理することにより安全を確保するという側面が強く，事故が発生した場合には関係者の責任追及に重点が置かれる傾向があった。しかしながら決して労働災害はゼロにはなっていない。

欧米においても労働災害が減らない状況であったが，英国において，いわゆるローベンス報告[1)]が作成され，安全を法などの規制によって実現するのではなく，個々の業界において自ら危険な要素を見出し，対策を講じることの必要性が認識された。その後，責任を追及することを重視するよりも，対象とするシステムのリスクを評価し，対策を講じることで安全を確保しようとする取組みが進められた。この考え方の特徴的なところは，リスクを設計の段階で評価し，システムを設計する側が安全を確保するという点にある。その後，欧米主体で安全に関する工業製品の規格化が進められ，国際安全規格が制定された。最近では日本においても，リスク評価を製品の開発に取り入れる考え方は浸透している。国際的な安全に対する基本的な考え方は ISO/IEC GUIDE51:Safety Aspects-guideline for their inclusion in standards[2]に示されており，それに対応する JIS 規格[3]も制定されている。ISO/IEC GUIDE 51 によれば，安全とは，“受け入れることができないリスクがないこと”とされている。

ここで，**リスク**とは，“人への傷害若しくは健康障害，又は財産及び環境への損害などの危害の発生確率及びその危害の度合いの組合せ”としている。したがって，リスクを受け入れ可能か評価を行い，必要に応じて対策を講じることになるが，まずは身体的な障害または財産への損失すなわち危害となる要因を識別しなければならない。そのような“人やシステムに対する危害を生じる要因または潜在的な状態”を**ハザード**（hazard）と言う。米国の軍用規格 MIL-STD-882E System Safety Standards[4]においてはリスクの定義を取り入れて，安全を“人の死傷，職業病，機器や資材の損傷または損失あるいは環境への被害を起こす状態のないこと”としている。

さらに，安全は，日常的に英知を働かせ続ける不断の活動の結果として実現された状態として，MIL-STD-882E の定義に追記し“ハザードと人の英知との動的平衡が一時的に実現されていると判断される現実の状態，すなわち人の死傷，職業病，機器や資材の損傷または損失あるいは環境への被害を起こす状態のない一時的な現実の状態である”とすることも提案されている[5]。

ISO/IEC GUIDE51 では，安全という用語の安易な使用について注意を喚起している。これは安全という用語を使うことで製品にはリスクがないような印象を与えるためである。実際には安全の定義のとおり，リスクは存在するが使用者はそのリスクを受け入れていることになる。

リスクの定義に従えば，ハザードを考える必要がなくなるように取り除かない限りは，発生確率で論じる以上リスクは存在することになる。すなわち，リスクゼロということはあり得ないという立場が安全規格における基本的な考えである。リスクはゼロにはならないことを前提とすれば，残留リスクにどのように向き合うのか，すなわちリスクを受け入れることが可能となるレベルまでいかに低減するかということになる。

これはリスクを評価するシステムにおいて，どのようなレベルの損失までを考えるべきかという問いかけでもある。すなわち，発生すれば甚大な影響を及ぼすがほとんど起き得ない場合，または仮に発生しても損失が無視しうる場合について，どのようにリスクを評価しシステムを構築していくかということになる。

7.1.2 システム安全

現代の複雑化した技術システム，例えば，航空機や原子力発電，化学工場などにおいて，事故に至るプロセスを詳細に分析すると単独の機器の故障だけで事故にただちに至ることは稀であり，いくつかの故障または異常事象の連鎖によることが多くの事例で示されている。その背後要因を分析すると，機器の故障，設計過誤または運用者の誤操作などの技術課題とともに，安全マネジメントの不備，例えば過去の事例の水平展開や技術変更事項などの情報共有または連絡不足などが識別されることが多い。日本ではマネジメントを管理と訳することが多いが安全を考えるうえでは管理するというよりは設計・製造から運用までの全ライフサイクルにわたり継続的に改善を効果的に実施していくことが大事であり，あえて安全マネジメントとする。また，新しい技術領域においてはリスクの事前評価（**リスクアセスメント**）が十分に行われていないことが多く，研究開発を進めながら同時並行的にリスクの低減を目指す必要がある。

以上のことから，大規模かつ複雑なシステムにおける安全を確保していくためには，工学的な取組みと安全マネジメントの取組みを融合させることが必要である。この考え方が**システム安全**（system safety）という概念である。その定義は“システムあるいは，その運用に関してその対象の安全化を図るため，安全化技術と管理手法を総合化した体系的なシステマティックな活動”としている[6)]。システム安全の概念は米国において飛行機の事故が繰り返される中での取組みとして発展してきたものである。**図 7.1** にシステム安全のコンセプトを示す。

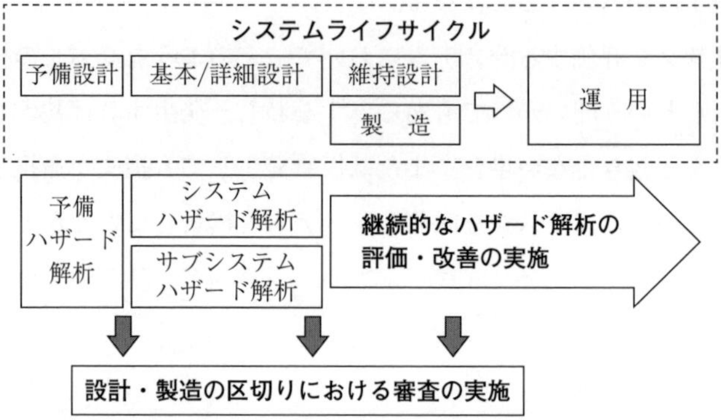

図 7.1　システム安全のコンセプト

大規模システムにおいてはシステムを構成する多くのサブシステム（構造，電力，コンピュータ制御系統など）が存在する。そのためサブシステム間やシステムとサブシステムのインタフェースを適切に連携させることでシステムを構築していく。システムの規模が大きくなると，システムの企画段階から，開発そして運用に至るライフサイクル全般で考える場合に，当初の計画どおりに進まないことが多々見られる。そのため，設計の初期段階でのリスクアセスメントが最後まで有効であることはむしろ稀である。設計結果，または製造結果によってはリスクアセスメントを適切に更新しリスクの低減を図らなければならない。リスクアセスメントにおいてはハザードを識別し対策を行うことでリスクを受容することになる。その一連のプロセスはハザード解析に基づき行われる[†]。

リスクが受け入れ可能なレベルにあることを設計・製造の区切りにおいて審査することが重要である。ただし，設計の進捗やユーザーなど，利害関係者の

† ハザード解析の詳細は 7.3.1 項参照。

要請などにより設計要求が変更になることもある。また想定していた自然環境の変化や見落としなどによって安全としていた前提条件が影響を受けている可能性がある。さらに，製品を市場に投入したあと，またはシステムの運転が開始されたあとにユーザーから改善の要望などが出される可能性がある。したがって，前提条件やパラメータは変化しうるものであると捉え，この一連のハザードの識別・制御そして検証に至る一連のプロセスはつねに，設計の進捗や状況の変化に応じて，更新されていかなければならない。

安全の確保のためには組織のトップのコミットメントが重要である。安全の難しさは，リソースを投入してもその成果の可視化が難しいところにある。安全対策を怠っても，事故が起こらなければ問題ないということになりかねない。そのため安全対策のコストをどう考えていくかは経営レベルでの意識として重要である。一旦，事故が発生してしまえば，その程度によっては大きな被害を受けることになる。事故のレベルによっては組織を揺るがす事態となる可能性がある。したがって，安全対策を当事者のみに任せることには，システムの規模が大きくなるにつれ，現実的ではなくなる。事業を推進する組織と安全を評価する組織の意見に違いが生じたときに最終的にどのような判断を行うのは経営の判断による。安全の確保のためにはトップも含め一部の人に責任を負わせるのではなく，システム的な取組みにより安全の確保を図る仕組み・体制の構築が重要である。

7.1.3 安全性と信頼性

信頼性はその機能が想定する期間において要求を果たすことを考えるものである。それに対し，安全性は人や財産または環境に危害が及ばないことであり，安全性と信頼性は深く関連があるがその概念は異なる。対象とするシステムが設計の想定した信頼度を有して機能を果たせば信頼性は確保したと評価はされる。しかし，これは故障が絶対に発生しないということは保証していない。安全を考えると，機器に故障が発生していてもリスクが許容可能な状態（工場において安全装置が故障していても製造のラインが正常に稼働している場合など）においては安全の問題はただちには生じない。しかしながら，安全装置が故障率について信頼性の設計要求を満たしていたとしても，肝心な安全機能を果たさなければならない場合（高圧ガスの投棄，または毒性ガスの漏洩遮断のための弁の閉動作など）に万一故障していれば安全は確保されない。すなわち，故障により信頼性は確保できなくなったとしても，安全性を考慮しなければならないところが異なる点と言える。

また，安全という観点では，設計寿命を終えた製品について消費者が使用を継続する場合が多く，保証期間後の安全性という課題もある。

安全性と信頼性の関係については多くの専門書でも論じられており関連書籍を参照されたい[7)]。

一方で，システムの稼働の信頼性は安全性を評価するうえでの前提になること，および安全機能自体の信頼性も重要であることからも，信頼性と安全性は密接な関連性を持っていることがわかる。また，リスク評価において用いられる，FTA や FMEA などの解析方法や，故障率など，信頼性工学における基礎的な知識は共通である。

また，安全性を確保するためには，安全のための装置や安全の機能の信頼性についての評価が重要であり，これらの機能は必要とされるときに確実に作動することが求められる。安全の機能を担う機器の故障は危険側故障となりうるため，その信頼性は重要である[8)]。

7.2 リスクアセスメント

7.2.1 リスクアセスメントの基本的な考え方

ISO/IEC GUIDE51 にはリスクアセスメントとその低減方策についての基本的なアプローチが規定されている。リスクアセスメントの一連のプロセスを示したものが**図 7.2** である。

最初に行うことはリスクアセスメントを行う対象を理解することである。これから設計・製作をする製品・システムはなにを行うことを目的としているも

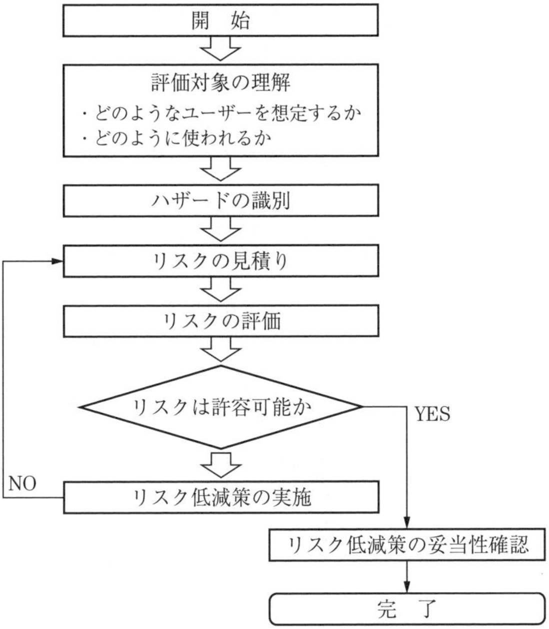

図 7.2　リスクアセスメントのプロセス

のか，どのような装置・部品によって構成されているのか，外部または内部にどのようなインタフェースを持っているのか，どのような環境で使用され，過去に類似のものはあるのかなどの情報をもとに評価する対象について十分な情報を得る必要がある。つぎにどのような人たちをユーザーとして想定しているのか，そしてどのように使用または運用されるのかを知る必要がある。特に，その情報には予見可能な誤使用まで含まれていることが必要である。

つぎにどのような要因がアセスメントする対象において危害となるか，すなわちなにがハザードとなるのかの識別である（7.2.2 項参照）。

それから識別されたハザードに対して，その発生頻度と，ハザードが顕在化したときの影響を評価することで，リスクの見積りを行う（7.2.3 項参照）。

そして見積もられたリスクごとに，そのリスクは受け入れ可能かどうかの評価を行う。受け入れることができない場合には，リスクの低減方策を講じる（7.2.4 項参照）。

そのリスクが受け入れ可能となるまで，このリスクの評価サイクルを繰返し実施することが求められている。

リスクをどこまで低減すればよいかについては，アセスメントを実施する対象の規模や取り巻く社会的状況により異なる。一律に定めることは現実的ではなく，**図7.3**に示す**ALARP**（as low as reasonably practicable）の原則に従うことが重要である。具体的な許容レベルの設定は対象とされる分野によって異なる。

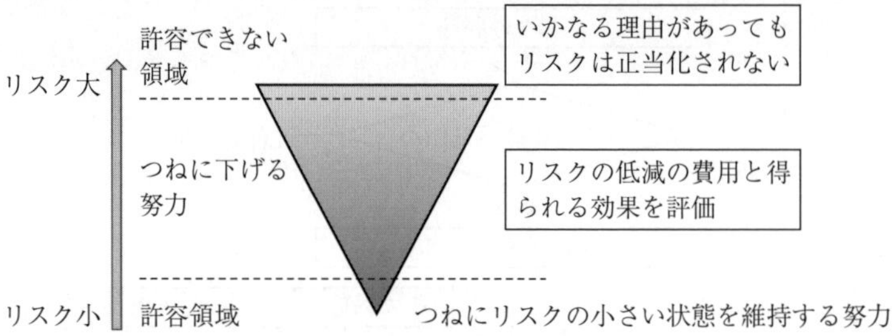

図7.3　リスクの許容性（ALARP）

7.2.2　ハザードの識別

リスクアセスメントの対象を理解すれば，どのようなハザードを想定しなければいけないか，すなわちその分野固有のハザードをリストアップすることが可能となる。

高圧・有毒な液体を扱うプラントであれば，ハザードとしては高圧ガスの破裂ハザード，有毒ガスの漏えいによるハザードなどがある。交通システムであれば故障などによる衝突，原子力発電所では放射能による汚染などである。

どの分野にも共通的に検討するハザードもある。例えば，構造設計の不適切による構造破壊などによるハザードや火災などが挙げられる。また，ヒューマンエラーは異常事象の要因として多くの割合を占めており，ハザードとして対策を講じることが求められる。

ここで注意するべき点としては，火，電気，毒性物質などの要素であっても，人への危害にならなければハザードとは言えないことである。すなわち，人が立ち入らない場所にある構造物で構造破壊が起きても危害とはならないし，高圧のガスや危険物が存在するだけではハザードとは言わず，それが人や環境に作用して危害となる可能性が識別されることでハザードとなる。**表7.1**にハザードとなる要素とそれに対応して危害を生じる状態としてハザードの例を示す。

表7.1 ハザードの例

要　素	危害を生じる状態
可燃物，発火源	火　災
有毒物	有毒ガスの吸入
酸素不足	酸素不足による窒息
不適切な構造	構造破壊
高圧ガス	圧力異常による破断
高　温	高温物への接触による火傷
突起物	突起物への接触による打撲，転倒
鋭利端部	鋭利端部への接触による裂傷
ブレーキ	ブレーキ故障による衝突
エンジン	航空機エンジン故障による墜落

【例題7.1】 大型のレーザ照射設備を組み立てて性能の確認試験を行う予定である。想定するべきハザードについて述べよ。

解答例 大型の設備を組み立てることから，作業者が高所作業を行うことになるため，落下というハザードが挙げられる。

つぎにレーザ照射の実験を行う場合，その照射強度が大きい場合には，その方向に人がいるとハザードとなる可能性がある。 ◆

7.2.3 リスクの見積りと評価

ハザードの識別が行われたのちにそのリスクの程度を見積もり，受け入れることが可能かどうかの評価を行う。

〔1〕 **リスクマトリックス法** リスクが顕在化する頻度を縦軸に，そして

被害の度合いを縦軸にしたマトリックスを作成し，ハザードのリスクのレベルを見積もり，そのリスクが受け入れられるかどうかを評価する手法が**リスクマトリックス法**である。**表 7.2** にリスクマトリックスを示す。ここでは被害の度合いを**表 7.3** に示すように 4 段階に分類している。また，発生頻度については**表 7.4** に示すように 5 段階に分けている。発生頻度については統計的に十分なデータが存在することが望ましいが，実際には事故に至るデータは少ないため，ランク分けする場合でも，“まれに”“たまに”“しばしば”という表現と

表 7.2　リスクマトリックス

		発生の可能性				
		A	B	C	D	E
被害の度合い	Ⅰ	AⅠ	BⅠ	CⅠ	DⅠ	EⅠ
	Ⅱ	AⅡ	BⅡ	CⅡ	DⅡ	EⅡ
	Ⅲ	AⅢ	BⅢ	CⅢ	DⅢ	EⅢ
	Ⅳ	AⅣ	BⅣ	CⅣ	DⅣ	EⅣ

1：許容できない　2：許容可否判断必要　3：許容可能

表 7.3　被害の度合い

被害の度合い	説　明
Ⅰ	第三者の死亡や重度の人的被害，要員の死亡や重度の永久的被害，公共や第三者の私有財産損失や重大な損傷，環境への深刻な影響をもたらすもの
Ⅱ	第三者の軽度な人的被害，要員の人的被害，公共や第三者の財産への軽度の損傷，環境への影響をもたらすもの
Ⅲ	要員の軽度の人的被害，システムなどの軽度の損傷，または軽度の環境への影響をもたらすもの
Ⅳ	要員の軽度の人的被害，システムなどの軽度の損傷，または軽度の環境への影響をもたらさないもの

表 7.4　発生の可能性

発生の頻度	説　明
A	しばしば発生する
B	たまに発生する
C	まれに発生する
D	ほとんど発生しない
E	ほとんどまったく発生しない

なる。そして，被害の度合いについても，財産のへの影響や人体への影響について数字化することは困難な場合が多く，ランク分けを行ってもその境界は定性的なものである。

見積もられたリスクに対してこのマトリックス上に当てはめ，どのリスクの等級に対応するかを評価する。このマトリックスでは3段階の等級として

1：許容できない　2：許容可否判断必要　3：許容可能

を定義している。1の領域に該当する場合はリスクが許容できないため，低減方策を実施することになる。一方，マトリックスの右下のほうに位置付けることができれば，リスクとしては低いと判断する。2の領域に該当する場合には，リスク低減対策を実施するか，そのまま受け入れるかの判断を行う。

例えば表7.2においてマトリックス上で，CⅠ，BⅡなど，リスクを許容できない領域に当てはまる場合には，CⅢ，BⅣなど許容できる領域までリスクを低減する方策を講じることになる。また，CⅡのような領域に分類される場合にはリスク低減策を講じるかリスクを許容するかの評価を行う。リスクの低減はマトリックス上許容可能な位置にくるまで繰り返し評価を行うことになる。低減方策としては，被害の緩和のための安全装置の設置や発生頻度を低減させるための冗長系の設置などの対策を行うことになる（7.3.4項参照）。

〔2〕 **リスクグラフ法**　被害の度合いについてもう少し詳しく分類し，障

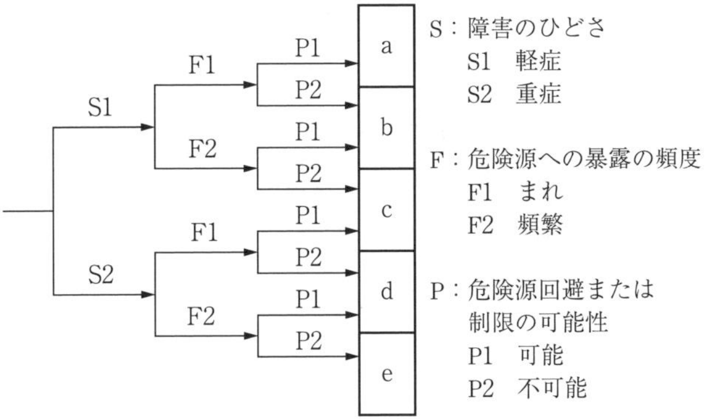

図7.4　リスクグラフ法

害のひどさ（S），危険源への暴露の頻度（F）危険源回避または制限の可能性（P）などのパラメータを導入してリスクレベルを設定する方法が**リスクグラフ法**である。JIS B 9705-1：2019 における手法を**図 7.4** に示す。このリスクグラフ法によって得られたランク（図 7.4 では a から e までの 5 段階，e が最もリスクが大きい）に基づいて安全機能が達成するべき要求レベルの設定に活用される。

7.2.4　リスク低減方策

ISO/IEC GUIDE 51 においてはリスクの低減方策として**図 7.5** に示すように製品を製造する側が三つの STEP（ステップ）を経て実施する**スリーステップメソッド**を規定している。

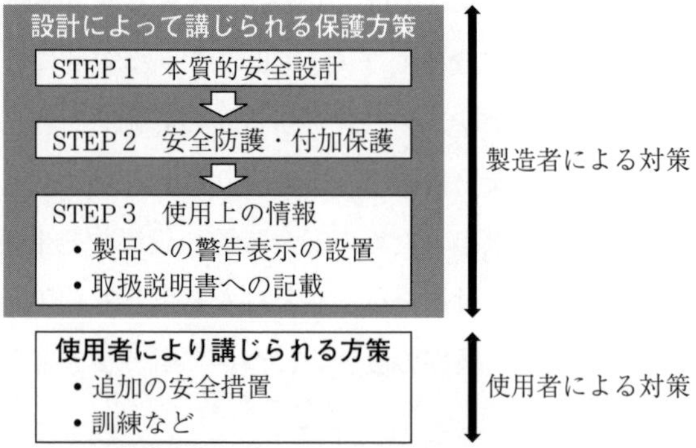

図 7.5　リスク低減方策

STEP 1 は本質的安全設計方策として，危険源を除去するかリスクを低減する。すなわち，ハザードが識別されたときには，まずはハザードの除去から考える。しかし，例えば有毒ガスを扱うプラントにおいて有毒ガスを使わないということはできないため，弁の多重の遮断機能などのリスクを低減する保護方策などを講じることになる。STEP 2 は安全防護および保護装置の設置などにより安全を確保するものである。そして STEP 3 が，製品に対して警報装置や警告表示の設置することであり，そのつぎに取扱説明書への安全に関する記載を行うことである。重要な考え方は，リスクが受け入れ可能なレベルまで低減されるべき方策は設計者側で講じられているべきであるという点である。そのうえで，さらなるリスクの低減方策を講じる場合，例えば運用者側で訓練を行うとか，保護具の使用などがある。したがって低減策の順番は STEP 1 から順番に実施され，最後に STEP 3 に至るという順番が重視される。

製造側によりリスクの低減が十分でない場合にのみ，使用者側による対策として訓練などのリスク低減策が講じられることになる。

7.2.5　安全に関する国際規格

安全の対象とする工学分野だけでも多岐にわたるが，被害の程度からも最も取組みが求められるのが機械分野と思われる。しかし，機械と言ってもその形態は多岐にわたりかつ日々進歩する技術に対応して基準を更新していくのは困難である。一方で，共通的に適用できる技術分野もあることから，規格を階層化して適用している。その概要を**図 7.6** に示す。ISO/IEC GUIDE 51 をトップとし，その直下に ISO12100：2010[9]/ JIS B 9700：2013[10] を基本安全規格としている。その下にグループ規格として共通的なグループ安全規格を定めている。ここでは機械系（ISO）と電気系（IEC）の二つの体系に分かれ，テーマごとに規格が作成されている。さらにその下に，実際の機械類，自動車や航空

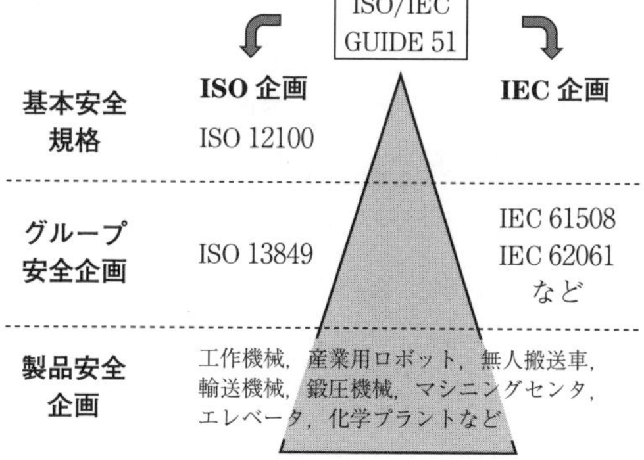

図 7.6　国際安全規格の構成

機などの工業製品，化学プラントや発電所など，製品によってユーザーは異なり，技術要求やリスクに対する考え方も異なるため，それぞれの製品の事情に応じた技術規格を設定している。

7.3 安全解析と設計手法

7.3.1 安全解析手法

リスクアセスメントによりリスクが受け入れ可能であることを示すためには，ハザード解析により対象システムのハザードを識別し，安全な状態に制御する方法を構築することになる。また，ハザードの制御方法についての有効性は試験や解析により検証されていることが必要である。ハザード解析を具体的に行うためにハザードの識別や事故に至るシナリオなどを分析する手法には多くの種類がある。また，ハザードの制御方法や検証方法は対象の分野によってさまざまである。

成熟した産業においては，設計基準は明確であり，国際規格も整備が進んでいる。しかし，航空宇宙分野や原子力発電，または化学プラントや鉄道などの大規模なシステムのハザードはそれぞれの分野に共通的なものもあれば個別のものも存在する。したがって，安全を確保する考え方が異なるということは十分に認識していなければならない。例えば，産業機械や自動車・鉄道などのハザードにおいては停止することで危害を避けるものもあるが，飛行機や医療器などのように止まることで，危害が及ぶ分野もある。

一方，伝統的な機械産業分野であっても，今日のIT技術の進歩に伴い，機能のIT化が進められている。また，ドローンやロボットの導入や人工知能やクラウドによる外部からの制御も進められており，ソフトウェアと組み合わせたシステムのリスク評価が必要となっている。

また，ヒューマンエラーの考慮もリスクアセスメントでは重要である。

リスク解析についてはさまざまな分野での事例が示されており，詳しくはそれらの文献[11)-14)]を参照してほしい。

〔1〕 **ハザード解析** ハザード解析は設計・製造の進捗に応じて，段階的に詳細化される。

① **予備的ハザード解析** 解析を行う対象の設計の初期段階に行うハザード解析を**予備的ハザード解析**[15]と言う。予備的ハザード解析では，まずハザードを識別し，その要因と発生の頻度と影響を考慮しリスクのレベルを見積もり，対策を識別する。

② **ハザード解析**[15] 予備的ハザード解析において識別されたハザードについて，設計の進捗に応じて〔2〕に示す解析手法を活用することなどによりリスク評価を詳細化する。ハザードのリスクに対して受け入れ可能な対策を講じることを**ハザードの制御**と言う。その制御方法が妥当であることは試験または解析により検証することが必要である。ハザード解析は対象となるシステムの規模に応じて行われる。すなわち大規模なシステムの場合には，システムをサブシステムまで分解して，サブシステムレベルでハザード解析を行う。また，システムのライフサイクル（図7.1）に応じて実施する。

〔2〕 **システム解析手法** 以下にハザード解析を進めていくうえで用いられる手法のうち代表的なものを紹介する。①，② はハザードとしてどのようなものがあるか識別することに必要であり，③ から ⑤ は解析対象となるシステムにおいて有効なものが選択される。

① **事故・故障データベース，チェックリスト** それぞれの産業分野において，これまでの事故や不具合事例が蓄積され，リスト化されていることが多い。そのリストを参照すれば，新規の製品の開発や新しくシステムを構築する場合であっても，すべてをゼロからではなくハザード解析を進めることが可能となる。

② **故障モード・影響解析**（**FMEA**：failure mode effect analysis） システムをサブシステム，コンポーネントレベルの構成要素に分け，故障によりシステムの上位またはほかのシステムにどのような影響が及ぶのかを評価する手法である[†]。

† 解析手法の詳細は6章を参照。

FMEAはコンポーネントを起点としてその影響を評価するものであるため，ボトムアップなアプローチである。安全性の評価においては機器の故障モードがシステムにおいてハザードを顕在化させるかどうかを識別することが重要である。特に故障の影響について，厳しさの尺度と発生頻度を組み合わせることでシステム対して致命的かどうかの評価（致命度）を加えたものを，**FMECA**（failure mode effect criticality analysis）と呼んでいる。解析の結果故障によるシステムへの影響が大きい，すなわち安全性評価において致命度が高い部品についてはクリティカルアイテムとして識別し，冗長系を組むまたは設計余裕を特別に確保するなどのリスク低減方策をとることになる。

FMEA，FMECAは装置または部品を起点としてほかの構成品への影響を解析する手法であるが，一方でシステムレベルの視点で故障モードを考える場合，冗長系を構成しながら単一の電源の故障により全系喪失する場合や環境条件の評価の誤りにより事故に至る場合などがある。このように一つの要因で複数の故障を生じる場合を**共通原因故障**と呼ぶが，ハザード解析においては共通原因故障モードの識別は重要である。

③　**HAZOP**（hazard and operability analysis）　化学プロセス産業においてはHAZOPという手法が考案された。これはプラントにおけるハザードや運転上の問題を識別・予測し，対処方策を準備することを目的としている。解析を進めるにあたり，対象システムを設計の意図，または運転の様子がわかるようにノードと言われる部分に区分けする。そして，ノードに対して流量，温度，圧力などのプロセスパラメータを解析する。つぎにプロセスパラメータに対して，ガイドワード（ズレの無し，増加，減少，逆転，過多，不足など）をキーワードとして正常な状態からの偏差（ズレ）がどういう要因（操作上の問題，機器の故障などの）で生じるか分析する。さらにシステムに対する影響を分析し，とるべき対策を評価するという手法である。HAZOPの特徴として運用まで含めて解析できることが挙げられる。HAZOPの詳細については関連書籍[11]を参照してほしい。

④　**故障の木解析**（**FTA**：fault tree analysis）　FTAは設定した頂上事象

に対し，その要因を分析する手法である。FTA は信頼性解析や故障解析などさまざまな場面で活用される。安全性解析においても解析対象とするシステムにおいて想定されるハザードを頂上事象とし，ハザードに至る要因との関連を論理的に解析する。手法の詳細は 6 章で詳述されているのでここでは省略する。FTA はハザードを識別するためのものではなく，ハザードに至るまでの中間事象や基本事象の関連性を明確にすることで，対策に漏れが生じることを避けるための解析である。そのため最小カット集合の適切な分析が重要となる。また，要因の分析によって，ハザードに至る共通原因故障モードの識別にも寄与する。基本事象の発生する故障率などのデータが存在する場合には定量的な解析が可能となる。データが不十分であれば定性的な解析になるが，ハザードに至る要因を網羅的に解析するという目的からすれば，FTA は十分に役割を果たしうるし，むしろ故障率のデータについては，その算出の条件を慎重に評価したうえで採用することが重要である。

⑤ **事象の木解析**（**ETA**：event tree analysis） システムにおける発生事象の成否を論理的にたどり，影響が確定または収束するまで行う解析である。イベントの始まりを起因事象とし，故障に関連するすべての事象ごとにその成否をたどり，システムの故障が確定するまで行う。ETA を活用することで事故に至るシナリオを構築することが可能となる。

起点となる事象（例えば装置の故障など）を想定し，その影響を受ける装置や操作などの成否を時系列的に展開し，最終的に事故に至るか回避できるかを分析する。**図 7.7** にイベントツリーを示す。起因事象を左側に置き，後続事象について成功か失敗かの分岐によりシナリオを右に向かって展開する。そして最終的にシナリオが事故に至るかどうかの影響を判定する[13),14)]。

〔3〕 **ヒューマンエラー** 発電所や化学プラント，または航空機などの事故に対するヒューマンエラーの占める比率が大きいことが示されている[13)]。ヒューマンエラーには作業者によるうっかりミスから，設計における思い込みなどのように個人レベルのものから，組織的な要因により事故に至る事例が多く報告され，法的責任発展する事例も多い。また，使用上の不便さを理由に安全装置

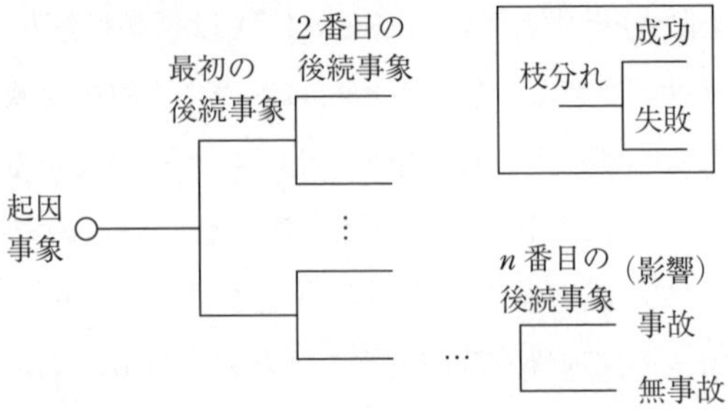

図7.7　イベントツリー

を解除してしまう事例もある。そのためハザードに至る要因としても，ヒューマンエラーを考慮する必要がある。

〔4〕 **システム解析**　複雑かつ大規模な技術システムに対してハザード解析を行う場合には，ハザードの識別が行われたのち，リスクが顕在化するまでのシナリオを詳細に解析しなければならない。そのためリスクアセスメントを適切に実施するためにも，対象とするシステムについてリスク評価を可能とするモデルを構築しなければならない。ETA は起因事象から事故などの好ましくない結果にどのようなシナリオを経由して至るのか解析する。一方で，FTA は ETA のシナリオ上の好ましくない分岐がなぜ起きるのか解析することになる。ETA と FTA を組み合わせることでハザード解析の網羅性が高まる[11),14)]。

システムのハザード解析を行うためのモデル化の例として，**図7.8**(a)のようなガスを貯蔵する設備を考える。ポンプによるガスの昇圧が行われ，運転員は圧力計にてモニタを行い，ポンプが故障していれば停止させる。また，タンクにはガスの放出弁が設置されていて，設定値以上に圧力が高まる場合には自動的にガスを放出する。この設備における破裂ハザードを想定する。

配管またはタンクの破裂を頂上事象として FTA を行うと，ポンプの停止に失敗しかつ放出弁が故障している場合に系統の破裂に至る。ポンプの停止に至る要因は機器の故障または運転員のヒューマンエラーなどに詳細化できる（図(b)）。

破裂に至るシナリオはどのようなものかを ETA を使って考える。解析の結

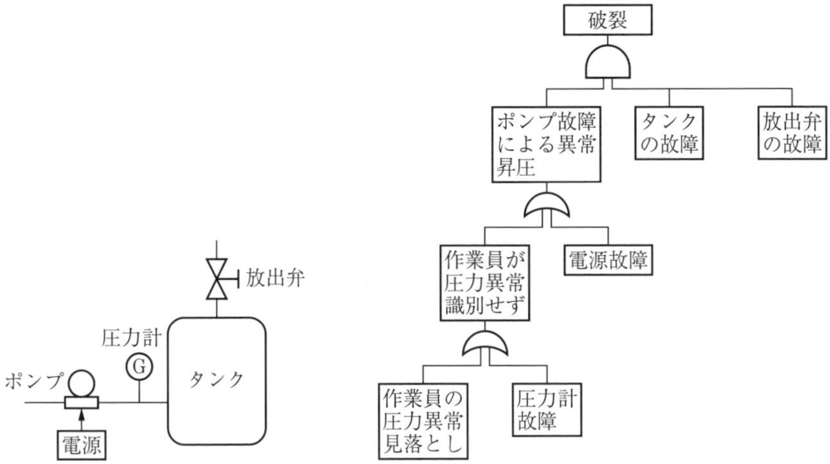

（a）　ガス貯蔵設備　　　　（b）　FTA

（c）　ETA

起因事象	操作員	逃し弁	状　態	事故連鎖	発生頻度
PO ポンプ故障	$\underline{\mathrm{OM}}$ 成功		破裂せず	PO・$\underline{\mathrm{OM}}$	$\rho_{\#1}$
	OM 失敗	$\underline{\mathrm{VF}}$ 作動	破裂せず	PO・OM・$\underline{\mathrm{VF}}$	$\rho_{\#2}$
		VF 失敗	破　裂	PO・OM・VF	$\rho_{\#3}$

図 7.8　ガス貯蔵設備における破裂ハザード解析

果として個々のイベントの流れを図示したものが図(c)である。事故に至るシナリオ上の起点となる故障を起因事象とする。この場合，ポンプの故障を起因事象とする。作業員が異常をゲージなどで確認してポンプの停止に至れば安全化されるが，見逃せば危険な状況の状態が続く。続いて逃気弁が正常に作動すれば破裂は回避されるが故障している場合には最終的に破裂ハザードは顕在化してしまう。それぞれのイベントの失敗と成功を定義すれば，事象の連鎖により事故に至るシナリオが識別される。すなわち，ETA によりハザードが顕在化するシナリオが明確になる。それぞれのイベントにおける故障率などを入力し，比較することで，リスクの大きさの評価に活用できる。

定量的な評価が実施可能であれば，客観的な評価につながる可能性がある。図(c)において起因事象の発生頻度を ρ_0，分岐A，Bにおける失敗の生じる確率をa，bとすれば破裂する頻度は以下のように求められる。

$$\rho_{\#1}=\rho_0\times(1-\mathrm{a})$$

$$\rho_{\#2}=\rho_0\times\mathrm{a}\times(1-\mathrm{b})$$

$$\rho_{\#3}=\rho_0\times\mathrm{a}\times\mathrm{b}$$

FTAにおける要因において故障率が判明している場合には，頂上事象に至る故障要因の発生確率の比較することが可能となる。またETAにおいて，イベントについて故障率をもとに数量化してリスクを比較する手法がある。原子力分野においては，このイベントについての生起確率を確率分布で算出し比較評価するという手法が導入され，確率論的安全評価（リスク評価と言う場合もある）と言われている。この手法が，さまざま産業への応用も進められている。詳細は巻末の引用・参考文献[13]を参照してほしい。

ただし，すべての要因・事象を数値化できるわけではないことと，故障率などのデータについてどんな前提条件で算出されたものか慎重に評価をする必要があり，定性的な評価と併用してリスク評価を行うべきである。

7.3.2　安全設計手法

〔1〕 **本質的安全設計方策**　リスクアセスメントの結果，ハザードが識別された場合にはリスクの低減方策を講じることになる。最初の取組みは，本質的安全設計方策を行うことをISO/GUIDE 51は求めている。ISO 12100：2010[9]/JIS B 9700：2013[10]において本質的安全設計方策とは，“ガードまたは保護方策を使用しないで機械の設計又は運転特性を変更することによって危険源を除去する，又は危険源に関連するリスクを低減する保護方策”と定義している。

① **ハザードの除去または制御**　本質的安全方策としての危険源の除去とは，例えば，火による火災ハザードを考えるときに，火を使用せずに電気ストーブにするとか，鉄道の踏切における列車との衝突・接触ハザードを回避す

るために踏切を除いて立体交差にするなどが挙げられる。

しかし，現実に危険源の除去を実現するのは簡単ではない。電気ストーブに変更しても発熱体への可燃物の接触による火災ハザードの制御は必要である。また，化学プラントなどでは，高圧ガスや有毒ガスそのものを扱うものであるため，リスクを低減する，すなわちハザードをいかに制御するかという方策を講じることになる。

例えばハザードのリスクを低減する方法としては，“火災のリスクを下げるために温度を下げる”“ガスの圧力を下げる”または“使用電力を低下させる”などエネルギーを低くすることによりハザードの影響を小さくすることなどが考えられる。構造物や機構など冗長系を持つことが適切でない場合には，適切な設計余裕の確保または寿命評価を行う。火災や腐食のリスクに対しては“適切な材料を選定する”また，“可動部分に人が入り込むことを避ける”“操作上の死角を避ける”または，“接触部に鋭利端部を設けない”など，機械と人との関係を適切に保つことも必要である。

② **フールプルーフ**　人的過誤（ヒューマンエラー）が起こりえないような，もしくは人的過誤によっても安全性が確保されるよう配慮するフールプルーフも有効である。例えば，“電気コンセントにおいて電源側にコンセントを差し込む設計とする”ことで感電を防止するなどの事例がある。

③ **フェールセーフ**　装置に故障または異常が生じたとき，その機能が失われても，安全性が保持されるように配慮する設計特性のことをフェールセーフと言う。例えばガスコンロにて地震発生時に停止する機能などがある。なお，複雑なシステムにおいてフェールセーフを実現するためには故障状態を確実に検知することが必要であるが，故障モードによっては危険な状態を検出できないことがある。その対処として，安全確認型システムという概念が提案されている。これは安全であることを確認しないと作動できないシステムとするというものである[16)]。

〔2〕 **安全防護技術**　本質安全設計によりハザードの除去またはリスクの低減ができない場合には安全防護技術を考慮することになる。人の接近を防ぐ

防護柵や安全が確保されなければ作動することができないようにするインターロック装置などがある。

また，高圧ガスや有毒ガスを扱う化学プラントや発電所などにおいて，異常作動時に運転を停止するシステムや危険物を安全な領域に投棄するシステムなどがある。

〔3〕 **機能安全**　現在の工学システムにおいてはコンピュータを用いた制御システムが多用されるようになっており，ハザードを制御または検出する機能として安全機能を果たすものを安全関連系とすれば，そこにコンピュータを用いたプログラマブル電子装置が使われる場面が増えている。安全関連系では，その故障のモードによってはシステムの安全が保てなくなる場合がある。例えば化学プラントなどの圧力監視系統などにおいて，構成機器の故障のうち圧力計の故障により異常な圧力上昇が検知できない場合，または圧力を投棄させるシステムが故障により作動しない場合などではハザードに至ってしまう。そのため，システムに付加的に加えられた安全システムの正常な作動により安全が確保される機能安全という考え方がある[17)]。国際規格 IEC 61508：2010[18)]，JIS 規格 JIS C 0508-1：2012[19)]おいて機能安全は定義されている。

ここで，正常な作動とは，それらの装置の信頼性が重要な役割を果たすことを示す。故障モードについては，故障によりシステムが安全ではなくなる危険側故障と，フェールセーフとなるような安全側故障に区別できる。IEC 61508 においてはシステムとして許容可能なリスクのレベルに応じて，危険側故障率のレベル分けが行われており，安全度水準（safety integrity level : SIL）として4段階に区分され安全関連系が保持するべき信頼性が，リスクの受け入れレベルに応じてランク分けされている。SIL は機器の危険側故障率で定義されるため確率論的に定められる。一方で，機械類の安全防護を実現するための安全機能を電子機械の故障率のみで算出することは適さない場合もある。そのため，ISO 13849-1：2006[20)]/JIS B 9705：2019[21)]おいて制御系の安全関連部品について性能レベル（performance level：PL）を定量的に定義している。

〔4〕 **フォールトトレラント**　故障発生時に停止により安全化するのでは

なく，例えば冗長系に切り替えるなどの方策により運用を継続する場合があり，フォールトトレラントと呼ばれる。これは故障または人的過誤があっても事故に至らないようにする設計手法である。具体的には冗長系などを構成し，一つの系統に故障が発生した場合にもう一つの予備の系統に切り替えて運用を継続する。冗長の系統数についてはリスクの大きさによって判断される。ただし，従属故障の場合には共通原因故障により全系喪失となるため，リスク評価時にシステムにおける共通原因故障となるモードを識別評価することが重要である。共通原因故障のリスクに対しては，多重化設計時に同一の系統を複数持つのではなく，例えば2系統は同じ設計としつつ，3系統目は想定される故障モードから独立した系統を保有することも有効な対策である。

7.3.3　ソフトウェア安全

現代の技術システムにおいてはソフトウェアの果たす役割は，日々増加しており，ハードウェアの機能の代替えまで行うようになっている。そのため，安全設計においてもソフトウェアの役割は重要である。

ソフトウェア自体は物理的なものではなく，コンピュータに搭載されて機能を実現する。ソフトウェア自身の経年劣化はなく，ハードウェアのランダム故障のようなモードを考える必要はない。ソフトウェアの故障モードとしては大きく二つに分類される。一つはコーディング時に間違いなどにより，いわゆるバグが発生し，ソフトウェアが正常に作動しないものである。そしてもう一つは要件定義の段階で，例えば，要求仕様を間違えるなどの要因により正しく仕様が規定されない場合がある。この場合，たとえバグがなくコーディングされてもシステムに実装された段階で異常となる。

ソフトウェアの安全においても，ハザードの制御にソフトウェアが重要な機能を担っている場合には十分に評価を行うことが重要である。

7.3.4　安全性の検証

ハザード解析によってハザードを制御する方策が確定したのちに，その方策の妥当性を検証する必要がある。検証の方法としては構造解析などのように構造物が適切にマージンを有しているとする場合と安全装置などにより安全機能を実現する場合には，装置または装置の設置されているシステムの性能試験により作動を確認し，ハザード制御方法を検証することになる。

なお，安全性の検証においては，実際に製品がリスクにさらされている状態をすべて予見して試験することは難しい点が信頼性の試験とは異なっている[7]。

特に最終製品において，ハザードが顕在化した状態を模擬して試験を行うことは現実的ではない。そのため，部品・材料またはコンポーネントなどの要素レベルで設計の限界を確認する試験（寿命試験，耐熱性能確認，絶縁性確認など）を実施しておくことで，ハザードの評価に活用する。

【例題7.2】　人工衛星はロケットに搭載されて，発射場から打ち上げられる。人工衛星には宇宙で姿勢を制御するための液体燃料を搭載するが，この燃料は人体には有害であるものを使う場合が多い。系統図を**図7.9**に示す。

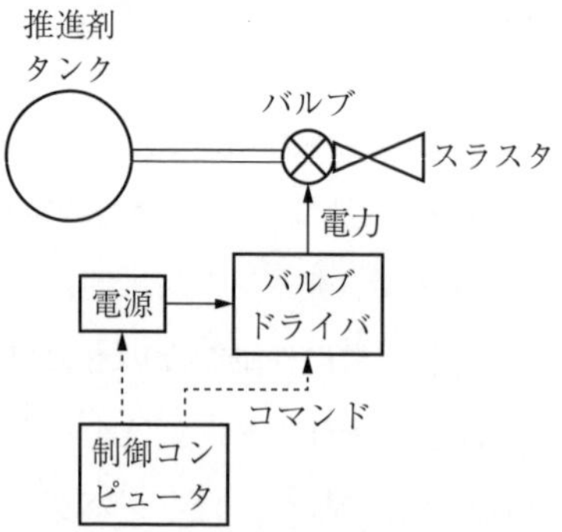

図7.9　人工衛星の推進系統図

地上で作業する作業者に対するハザードを識別し，リスクを低減するリスク評価を実施せよ。

解答例　燃料が人体に対して有害であることから，ハザードの一つとして地上作業者への燃料の漏洩を識別する。その燃料の漏洩を引き起こす要因をFTAにて評価

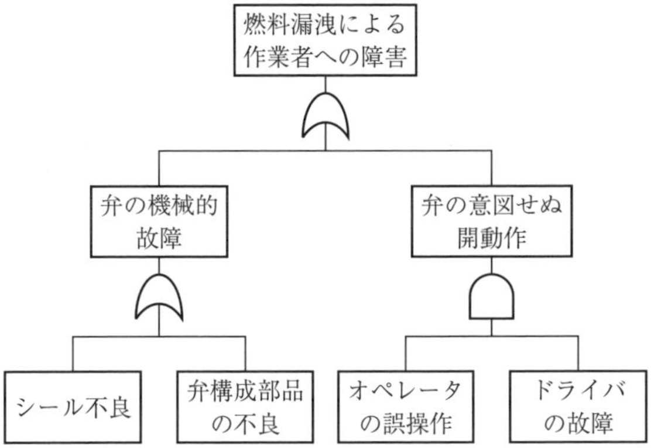

図 7.10　漏洩の FTA

する。その一例を**図 7.10** に示す。

図 7.10 に示した FTA より以下のハザード要因を識別する。

① シール不良によるスラスタバルブからの漏洩。

② バルブ構成部品の破損によるバルブからの漏洩。

③ バルブの意図せぬ開動作による漏洩。

リスクマトリックスなどによりリスク低減を行う必要があると判断された場合はリスクを受容することができるまで低減策を講じる。また，低減策を考慮する場合にはヒューマンエラーやソフトウェア故障も考慮に入れることが重要である。

以下に，リスク低減策として考えられるハザード制御方法を例示する。

① シールを 2 重構造にする（冗長化）。

② 適切な材料選定や環境（圧力など）への耐性を有する部品を使う。

③ 制御装置やバルブドライバが同時に動作しないようにコンピュータからの指示を多重化する。

上記対策が有効であることを，実際に燃料を充填する前に系統に対して検査・機能試験を行って確認する。◆

7.4 危　機　管　理

ここまでに事故を未然に防止することを目指すリスクマネジメントについて説明を行った。しかし，万一事故が発生してしまった場合には，速やかに安全な状態に復帰し，被害を最小限に留めなければならない。事故が発生してしまったあとに状況を安定化させる取組みが**危機管理**（クライシスマネジメント）になる。

当然，事故が発生してから対応を考えるのでは大きな損害を招いてしまうことは，過去の事故を振り返ってみれば事例には事欠かない。そのため，事故のシナリオを想定し，対策を講じておくことが重要である。危機管理は事前の準備と事後の対応を含めて準備することである。事後の対応としては，安全な状態に復帰するための技術的な対応は第一としても，ユーザーやメディアなどの対応も必要となり，ここでの対応に誤れば，その後の組織の存続に影響しかねない事態となる。したがって，危機管理は技術検討のみならず，経営の重要な課題である。

技術検討についてはリスクアセスメントとして行ってきたことがベースとなる。ハザード解析や，事象の木解析により事故に至るシナリオが識別されていれば，製品やシステムの故障によりどのような事態に至るかが推測することが可能となる。しかし，留意しなければならないことは，リスクアセスメントに

コラム 9：事故のきっかけ

単独の事象や要因によって事故がもたらされるということは稀であり，さまざまな事象や要因が重なった結果として事故は発生する。**ハインリッヒの法則**として労働災害の経験則として知られるものに，一つの重大な事故にいたるまでに 29 の軽微な異常があり，その前の段階で 300 のヒヤリ，ハットする事例があるというものがある。例えば，機器の電源ケーブルに傷が生じていてそのまま使用し続けていたところ，なんらかの要因で短絡などを生じ火災に至ってしまう場合を考える。この程度であれば大丈夫であろうと思わせてしまう軽微なレベルの傷であっても，その後，使用中に掛かる負荷により傷が拡大する，またはなんらかの要因で水が掛かるなどにより，短絡してしまうことが考えられる。そもそも傷が生じるような事態を避ければよいのだが，そのきっかけとしては，鋭利なものをケーブルの近くに置いてしまっていた，または人が引っ掛けるようなところにケーブルがあるなどの状態が想定される。これらを**ヒヤリハット**として早期に識別して，対策を講じていくことが，結果的には事故につながる芽を早期に摘むことにつながる。

おいて異常モードを想定したシナリオを考慮する場合，機器の故障数や環境の負荷（地震や災害）において一定の前提を置いて検討する。例えば故障数が2重に重なるとか，震度を仮定するなどである。しかしながら事故は事前の想定シナリオどおりに起きることは滅多にない。開発担当者が考慮していない事態に遭遇し，想定外と発言してしまうのはこのためである。しかし，リスクアセスメントにより構成機器の故障により起こる事態を理解していれば，万一事故に遭遇しても安全な状態への復帰は速やかに実施できる場合が多い。

また事故までは至らない場合でも，重大な事態に至ってしまうことがある。この事故の手前の状態を**インシデント**として識別・評価を行うことが広く行われており，航空機などではインシデントの段階で国への報告が求められている。インシデントは軽微なものから事故の一歩手前の状況のものまで幅広く対象となるが，その分析により事故につながる連鎖を断ち切ることは重要である。インシデントの段階では，リスクマネジメントの中で考慮していたハザードが顕在化してしまったものも含まれる。

鉄道や航空機，または原子力発電所など大規模システムの事故は社会への影響が大きい。危機管理としては事故が起きてからではなく，インシデントの段階から発生した場合への対処をつねに念頭に置いて取り組むべきものと考える。

7.5 リスクの受容性

ここまで，リスクを評価して受け入れられるまでリスクの低減を行い，製品の開発およびシステムの構築を行うことを説明してきた。しかし，現実にはリスクをゼロにすることは困難である。

そのため，専門家の評価によりリスクは低減されたとしても，そのまま社会に受け入れられるかは，別な側面の検討が必要になる。事故の発生確率に基づきリスク評価を行えば，自動車よりも飛行機のほうがリスクは低いとされる。しかし，飛行機事故の報道に見られるように，社会的には飛行機のほうがリスクは小さいという感覚であるとは言い切れない。また，安全であることを訴えてきた原子力発電所は，東日本大震災での事故を受けて，日本のみならず世界において原子力利用の在り方を問う形になっている。

いずれの分野においても，リスクとそのシステムを利用することによる便益を比較することが必要である。そのためには技術を使うことによってどういうメリットが社会にもたらされるのか，一方でどのようなリスクがあるのかを，専門家のみならず広く議論が必要である。その問題意識から，近年ではリスクコミニュケーションの重要性が認識され研究が進められている。その結果として社会における受容性は定まってくると思われる。

安全工学の目的は，リスクアセスメントにより安全という状態を確保し続け，事故の未然防止を目指すものと考える。一方で，社会とのコミュニケーションを重視しながら取り組むことも合理的なリスクマネジメントにつながるものと思われる。

章　末　問　題

【7.1】　システム安全では設計の段階に応じて安全審査を行うことでより安全な状態を目指す。試作段階および設計を終えて最終的に製品の製造を開始する前の安全審査において，どのような事項が整っていることが必要か述べなさい。

【7.2】　リスクアセスメントを進めていくうえで留意すべきことの例を示しなさい。

【7.3】　地下空間におけるガス配管のメンテナンス作業を想定する。作業中にガスが漏えいし，酸欠となるハザードを想定した事象の木解析を実施しなさい。なお，作業空間には換気扇および酸欠を知らせるセンサが設置されており，扉を開けて空間の外部に退出すれば事故に至らないとする。

【7.4】　図7.8の高圧ガス貯蔵設備において，圧力上昇による破裂をハザードとしたときのハザードに至る要因を識別し，その制御方法を示しなさい。

8

宇宙における安全・信頼性確保の取組み

日本の宇宙開発における安全・信頼性設計の事例を紹介する。実際の開発においては，設計手法のみならず，管理手法も安全と信頼性の確保には重要である。

本章では 8.1 節において，宇宙開発の概要を述べ，8.2 節では宇宙開発を進めるためのプロセスについて概観する。8.3 節において宇宙開発における安全・信頼性設計および品質保証の方法を説明する。そして 8.4 節にて，安全・信頼性設計の観点から実際の宇宙開発プロジェクトにおける事例をロケット，人工衛星および有人システムにおいて紹介する。

8.1 宇宙開発の特徴

世界初の人工衛星が打ち上げられてから半世紀以上を経て，現在，宇宙空間は通信・放送や測位情報の配信，気象や地表情報の観測などに利用されている。そして，宇宙開発は宇宙飛行士が常時滞在する国際宇宙ステーション（international space station : ISS）による有人宇宙活動や惑星探査など，活動領域や利用形態は広がりを見せている。さらには，これまでは国が主体となって行われてきた宇宙開発の領域に，民間企業が積極的に取り組む時代となってきている。

宇宙開発は，ミッションの目的に応じて，通信衛星や観測衛星，または探査機などの人工衛星をロケットにより射場から打上げを行い，計画された軌道に投入する。ロケットや衛星は地上から追跡管制が行われる。

宇宙開発ミッションの一連の流れを，日米欧加露の世界の宇宙機関が参加して運用するISSに物資を補給・回収する“こうのとり”を例に**図8.1**に示す。“こうのとり”は種子島宇宙センターからH-IIBロケットによって打ち上げられ，計画された軌道に投入されたあとは，GPSから取得した位置情報をもとに自律的に飛行しISSに到着する。ISSにおいて物資の補給と廃棄物の回収後，ISSから分離し，地球に再突入・溶融することでミッションを終える。打上げから廃棄に至るまで，データ中継衛星の支援も受けながら地上からの追跡管制が行われる。

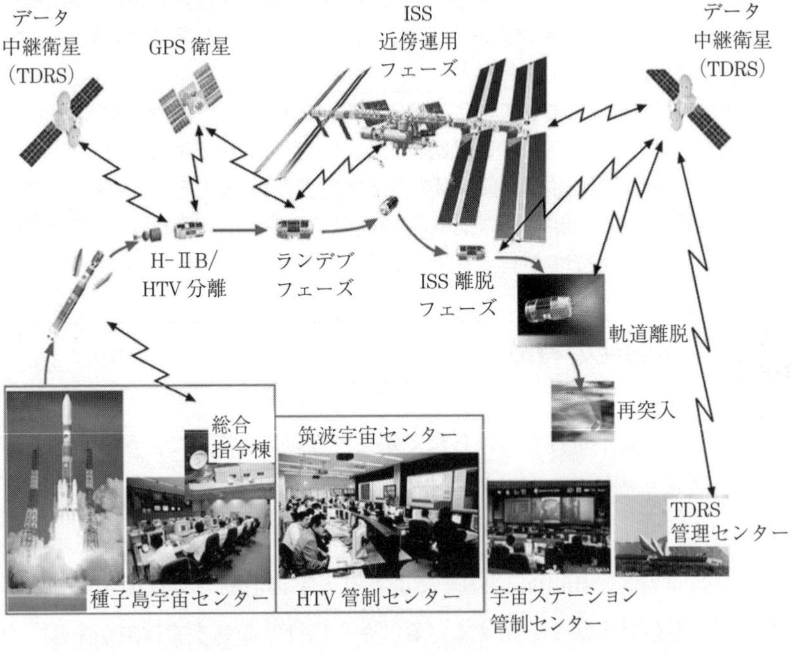

図8.1　宇宙開発ミッションの一連の流れ（“こうのとり”の事例）[1)]

ミッションが地球観測衛星の場合であれば，観測データが取得され，そのデータを受信し画像などの利用しやすい形に処理するデータ処理センターも必要になる。このように宇宙開発ミッションは多くの要素により成り立つ総合システムと言える。

人工衛星または探査機のような宇宙機が，目的とする地球周回または惑星間飛行に必要な軌道に到達するには，地上での静止した状態から軌道を維持するために大きな速度（地球周回するためには約 8 km/s）を得る必要があるため，現状ではロケットが使われる。

ロケットの搭載能力を最大限活用するためには，宇宙機は軽量であることが望ましい。一方でロケットの打上げ時には音響振動などの機械的環境に耐えることが必要となる。さらにロケットから分離されたあとの宇宙機は宇宙空間という地上とは異なる過酷な環境に晒される。例えば，熱真空環境，すなわち高真空の状態において，太陽光が当たる部位は高温になるが，日陰の部分は低温になる状態での作動が必要である。また，宇宙放射線は宇宙飛行士への健康への影響を及ぼす。そして，電子部品の故障を起こす要因にもなり信頼性に影響を与える。さらに微小重力環境は対流が起きないことにより流体が地上とは異なる挙動を示す。

このように宇宙機は，軽量化などの設計制約のもと，過酷な環境での作動が求められ，加えて，そのミッションを行う場所へのアクセスが容易でないことから，高い信頼性が求められる。有人のシステムの場合には，信頼性のみならず，高度な安全設計が必要となる。

現在の宇宙開発では，大量生産状態には至っておらず，故障データの蓄積が十分ではない。そのうえ，ミッションによって宇宙機のシステムの形態が大きく異なるため，類似の設計による類推が困難な場合も多い。そのため，宇宙開発の信頼性設計においては，解析的にシステムの安全性と信頼性を設計していくことになる。ロケットや人工衛星の詳細については巻末の引用・参考文献[2),3)]などを参照してほしい。

8.2 宇宙開発手法

宇宙開発は，複雑かつ大規模なシステム開発となり，かつ高い信頼性が求められる。そのため，開発を行うにあたってはシステムズエンジニアリングによるアプローチが行われている。ミッション要求を明確に定義したあとに，システムの機能をサブシステム，コンポーネントレベルと段階的に分割し，要素レベルにおいて機能を果たしていることを確認するプロセスを積み上げて最終的にシステムの開発を行うという工学的手法である[4)]。

宇宙開発においては開発対象をプロジェクトとして定義したうえで，設計を段階（phase，フェーズ）ごとに区切り，その段階ごとに仕様を定め，区切りにおいて評価（**設計審査**）を行い，目的を達成したと判断されたらつぎの段階に進むという手法（phased planning）を採用している。

NASAがアポロ計画に代表される有人宇宙開発に採用したことで知られており，今日では宇宙開発において広く取り入れられるとともに，プロジェクトをマネジメントしていくうえでは一般的な手法となっている。宇宙開発における開発・運用と審査のプロセスを**図8.2**に示す。

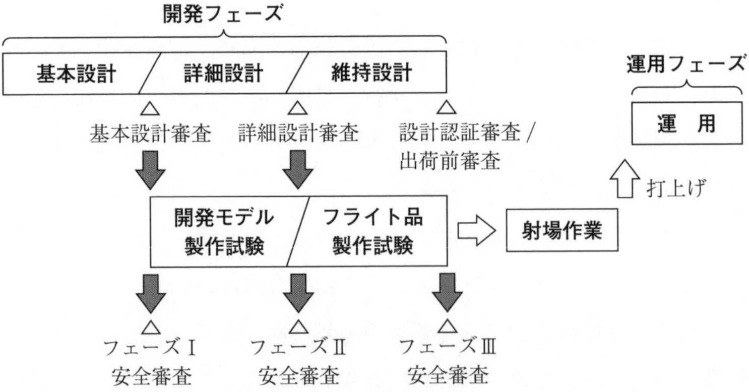

図8.2　宇宙開発における開発・運用と審査プロセス

プロジェクトの概念検討や計画検討を行ったあと，基本設計段階から開発が本格化する。プロジェクトによっては基本設計段階において，要素試作などを行う場合もある。基本設計審査を経て詳細設計段階に移行すると，実際に宇宙に行くフライト品と同等の性能を有するエンジニアリングモデルによる確認を行いながら，設計の妥当性を確認し，詳細設計審査を行い，設計を確定する。

維持設計段階ではフライト品の製造を行い，製造と試験が完了した段階で設計・品質が要求を満たしていることを確認したうえで打上げを行い宇宙での運用が行われる。

各設計段階に行われる設計審査に対応して安全性の評価も行われる。その結果は安全審査として審査が行われ，**ハザード**について制御と検証についての妥当性が設計の進捗に応じて確認される。

宇宙開発のプロジェクトは高い安全性と信頼性を求められるため，過去の教訓や知見を反映させた設計・管理のための標準を設けて取り組むことが効果的である。JAXA の設計，管理標準を公開している[5)]。

8.3 宇宙開発における安全・信頼性

8.3.1 安　全　設　計

宇宙飛行士が搭乗する宇宙ステーションのような有人システム，そしてロケットの打上げなど，宇宙開発において安全の確保は重要である。

宇宙開発のような大規模システムにおいて安全の確保を行うためには，安全技術のみではなくマネジメントも含めた総合的な取組みが必要であり，**システム安全**と言われている。システム安全の詳細は 7.1.2 項を参照のこと。
宇宙機については**リスクアセスメント**におけるハザード解析により，ハザードの制御方法を設定し，試験などにより検証する。

識別されたハザードについては，**リスク**を最小化するために，ハザードごとに対策を講じる。また，そのリスクに対応するために**故障許容設計**を行うときにはハザードのレベルに応じた対策を行う。ハザードがシステムに対して及ぼす影響が致命的（カタストロフィック）であれば 2 重の故障に対応できるようにする。また，システムに及ぼす影響が全損には至らない，または人命には影響しない場合（クリティカル）であれば 1 故障には耐えうるシステムすることを基本としている。

安全設計における 2 重の故障といった場合，共通原因故障については 1 故障として捉え，さらなる手段を講じることとしている。リスクアセスメントに用いられる手法については信頼性と共通するものが多い。

8.3.2 信頼性設計

〔1〕 **基本的な考え方**　宇宙開発における信頼性設計の基本的な考え方は，設計対象物のシステムにおける重要度，故障の影響の程度などに応じて，そのリスクを許容できる程度に低減させることである。具体的には設計余裕の確保，冗長系による故障許容設計，**信頼度**に基づく定量的予測，標準化された技術または技術成熟度の高い技術の採用，および環境への適合性評価などを行うこととしている。本項で紹介する事項はJAXAとしては信頼性プログラム標準として開発において基準とする文書としている[6)]。

リスクの低減に向けては以下の考え方が重要である。

① **設計余裕の確保および故障リスクの最小化**　機器などに付加されるストレスに対して余裕のある設計の採用や製造工程の特別な管理などにより，故障のリスクを許容できるレベル以下にする。特に，冗長系を採用できない，あるいは，採用しないシステムにおいては，設計余裕をとるように配慮する。

② **故障許容設計**　故障および人的過誤に備えて，共通要因による故障を排除したうえで適切な**冗長化**（常用冗長・待機冗長など），故障の伝搬・波及防止などの対策を取ってシステムが致命的な状態に至らないようにする。

〔2〕 **信頼性設計手法**　宇宙開発において一般的に取り入れられている信頼性解析手法について紹介する。

① **信頼度予測**　システム全体の運用期間に対してミッション信頼度を設定し，サブシステムおよび機器に対して信頼度を配分し，信頼度の予測値と比較することで設計を評価する。信頼度予測の実施にあたり，信頼性ブロック図を利用する。予測モデルの作成や予測の実施には過去のプロジェクトデータや最新の試験データを反映する。

信頼度が配分値を満たさない場合には，冗長系の採用，より信頼性の高い部品の採用および使用環境の見直しを行うことで信頼度予測の見直しを行う。

② **FMEA，FMECA**　起こりうる故障モードと，それが目標ミッションに及ぼす影響度を決定するために**FMEA**（故障モード・影響解析）や**FMECA**（故障モード・影響および致命度解析）（以下，「FMEAなど」とする。）を実施

する。この解析の主目的は，重大故障モードを識別し，発生原因を示し，対策を明らかにすることによりシステムからこのような故障またはその影響の恐れを除去することである†。解析はシステムを構成するすべての品目を対象とし，システム対サブシステム，サブシステム対コンポーネントおよび地上試験設備対システムの各インタフェースについて実施することが重要である。

FMECA により，一つの機器の故障によりシステムまたはサブシステムおよび機器の喪失に至るような単一故障点，試験検証ができないものなどはクリティカルアイテムとして識別しリスク管理を行う。

冗長系の解析を実施する場合は，特にクロスストラップ，代替パスまたはほかの冗長設計に悪影響を与えるすべての単一故障点を突き止めることが必要となる。

FMEA などの結果は，**設計審査**における主要考察事項であり，またほかの典型的な解析，設計改善，試験および安全運用に対して判定基準およびデータとしてインプット情報となる。具体例を以下に示す。

a）冗長，フェイルセーフ，設計変更，ディレーティングの見直し検討。
b）システム安全性解析およびハザード解析。
c）試験および運用における安全要求事項の確立。
d）既知の故障モードまたは予測される潜在故障モードを検出する試験計画の立案。
e）信頼性対保全性のトレードオフによる最適なシステムの確立
f）試験，点検・検査およびミッション運用時におけるデータ記録に対する要求事項と必要な監視頻度の決定。
g）故障検知，分離および復帰（failure detection, isolation and recovery : FDIR）および代替の運用モードのようなミッション運用計画の立案。
h）クリティカル品目の工程および受入れに着目した FMEA などによる，工程管理項目および検査項目の確立。

† 手法の詳細は 6 章参照。

③　**部品ストレス解析**　　電気，電子および電気機構（EEE）部品（以下，「EEE 部品」とする。）の使用する温度，電圧，電流などの条件が，使用の上限に近い場合には，寿命に影響するなどのストレスが掛かる。そのためストレス対策として，各コンポーネント内の回路に適用する EEE 部品に対してストレスの掛からない条件で使用するようにディレーティングを行う。また，設計仕様への適合性を評価するために，ストレス解析を実施する。これらの解析は最もストレスが掛かる部品レベルの特性値（最もクリティカルな特性値に対する許容限界）で実施する。その値は，組立てまたはコンポーネントに対する性能および環境要求事項に基づくものでなければならない。

④　**ワーストケース解析**　　ワーストケース解析は，ミッション期間中に性能劣化を生じる恐れのある重要な設計特性値に対して実施する。電気系統，光学装置，電気機械装置および機械装置の設計余裕の妥当性は，解析，試験で実証する。解析では，評価対象の特性値または運用に対して初期許容差，エージングの影響および温度・放射線などの環境の影響を含む最悪ケースでの重要な特性値の組合せを考慮する。

⑤　**トレンド解析**　　特性値管理品目に指定された品目について，性能の安定度に関係する測定可能なパラメータを決定し，コンポーネントレベルの試験開始から，システムレベルの最終試験段階まで継続して監視し，その傾向を評価する。

たとえレベルが仕様限界内に入っているとしても，パラメータおよび公称値からのすべての変動を記録し，解析・評価する。監視するパラメータを設定し，リスト化することが必要である。トレンド解析データは，ミッション運用段階におけるシステム評価の源泉データである。

⑥　**寿命解析**　　設計仕様書で要求されている寿命および動作時間を保証するために寿命解析を実施する。寿命解析は，寿命試験および既存データを有効に活用し，運用条件を十分に加味した解析とする。

⑦　**FTA（故障の木解析）**　　開発の各段階において，故障モードに対する発生経路を解析する手段として **FTA** の手法を用いる。FTA には，事前解析と

事後解析とがある†。

事前解析の目的は，設計段階において実施するもので，システム，サブシステム，コンポーネント（解析レベルとなる主要素）レベルで契約内容に応じて対象を設定し，起こりうる重要な故障モードをトップ（頂上）事象として選定し，その発生経路を展開してたどり着く基本事象を識別し，その発生確率などの検討を行い，その結果を設計の最適化，製造・試験計画，運用などに反映させることである。

事後解析の目的は，発生した不具合の発生経路を確定するために活用し，その処置，対策に適切に反映させることである。解析にあたっては，部分と全体の信頼性ブロック間の機能的な結び付きに着目し，信頼性ブロック図とも対応させ，ハードウェアだけでなく，ハードウェア以外（ソフトウェアや**ヒューマンエラー**など）の要因も含む複合要因を対象として実施する。解析にあたっては，時間，環境要因を含めて実施し，ほかの解析手法と併用して，落ちのない解析となるようにする。

8.3.3　ソフトウェア信頼性

ソフトウェア自体はランダム故障というものはなく，設計自体にミスが内在するかコーディングのミスが多い。いずれも人間の考えを具体化するプロセスで発生するソフトウェア欠陥である。このソフトウェア欠陥を取り除くことによりソフトウェアの安全・信頼性が確保される。宇宙開発においても情報技術の活用する領域は増大しており，その評価は安全性と信頼性を確保するうえで重要な役割を担っている。

ソフトウェアが要求を満たし，正しく作動することを確認する検証および**妥当性確認**（verification & validation : **V&V**）が重要となる。ソフトウェア開発プロセスの段階ごとに要求の妥当性を確認し，検証を積み上げていくことが重要である[7)]。

ソフトウェア欠陥が人によって入り込むものであるとすれば，設計および

† 手法の詳細は6章参照。

コーディングを行う開発者のみのV&Vに加えて，**独立な組織によるV&V活動**（independent V&V : **IV&V**）が品質の精度向上に有効であり，JAXAの宇宙機開発プロジェクトにおいては，IV&Vの取組みを実施し，ソフトウェアの信頼性の向上に寄与している。

ハードウェアとソフトウェアの信頼性が互いに関連する範囲（例えば，ハードウェアとソフトウェアの相互作用，異常／故障管理）については，両者を総合した観点で取り扱うことが重要である。

8.3.4　安全・信頼性管理技術

安全・信頼性の確保のためには管理手法も重要な役割を果たす。達成するべき安全・信頼性の水準を仕様として明確化し，それを設計，製造と運用のライフサイクル全体にわたって管理する。そのため，標準化され，実績のある設計，部品・材料・工程を採用する。環境条件，運用（使用）条件を考慮したうえで高い技術成熟度にある機器を採用する。部品点数を減らす合理的な設計により故障率の増加を招くことを避けることが重要である。なお，製造工程の特別な管理が必要な場合は，工程仕様を設定し評価を行い標準化する。

〔1〕 **コンフィギュレーション管理**　　**コンフィギュレーション管理**は，設計，製作，試験および運用の全ライフサイクルで，システムまたは構成品目の機能的及び物理的特性を識別し，つねに最新状態を維持，記録，提供する技術的及び管理的プロセスである。

設計仕様書および，内部サブシステムや外部システムとのインタフェース仕様書，製造図面，試験計画書，報告書などの文書などを対象とする。

設計仕様書にはミッション要求に基づき当該品目の運用範囲に含まれる物理的，機能的な要求事項およびほかの品目とのインタフェースについての要求事項を記述する。設計仕様書は基本設計の初期段階で作成し，設計の進捗に応じて最新化し管理する。

〔2〕 **設計審査**　　ソフトウェアを含むシステム，サブシステム，コンポーネント，およびこれらに組み込むソフトウェアの**設計審査**を行う。

設計審査はプロジェクトの主要なマイルストーンである基本設計審査（preliminary design review : PDR），詳細設計審査（critical design review : CDR）および認定試験後審査（post qualification review : PQR）の区分にて行われる。ただし，大幅な設計変更が生じた場合は必要に応じてそれぞれの設計の進展中にも再審査を実施する。

審査会の出席者には，当該設計部門と異なるほかの設計部門，製造，試験，信頼性，品質保証，部品，安全，その他関連部門の代表者を含む必要がある。審査においては，要求仕様との適合性を示す資料，設計要求に対する設計結果，およびその設計根拠を記載したインプットパッケージを作成する。必要な根拠を記載することができない場合は，その根拠情報を呼び出す必要がある。

〔3〕 **技術変更管理**　開発の進捗や故障対応などにより，設計の変更が生じる。また，設計を変更する必要がない場合においても，使用する部品が調達できないなどの事情により設計の修正が生じる場合がある。

一方で，宇宙機自体の設計仕様を変更しなくとも，使用される宇宙環境が常に同じであるという保証はなく，ミッションによっては使用される環境の違いによる影響の評価が重要になる。変更内容に対して関係者の参集を経て，変更の技術的妥当性（性能，安全性，信頼性，保全性など）インタフェースへの影響，コストスケジュールへの影響，製造，試験，検査への影響などを評価する。

8.3.5 部 品 管 理

宇宙開発において使用される EEE 部品には宇宙環境特有の熱真空および放射線そして微小重力環境にさらされる。そして交換を前提としない状態での長期の動作を要求されるため，高い信頼性が求められる。そのため，使用される部品においては海外の宇宙機関なども含め信頼性と品質を保証するための基準を満たすことを要求するとともに，製品に搭載するには部品の初期故障の検出などを目的として試験を行う。

ミッションによって，または用いられる部位により部品に対する信頼性要求は異なるため，部品に求められる品質保証レベルも段階的に設定されている。

レベルに応じて試験を限定するなどコストを抑える場合がある。

コストと信頼性のバランスを考慮しながら部品の選定，調達を行うための管理[8)]が重要となる。

8.3.6 試　験　検　証

宇宙開発において，システムは大規模であり，安全性と信頼性の観点からも設計の要求がいかに達成されたかをミッション実施前に確認することが重要である。そのため，ロケットによる打上げ環境や，宇宙の環境を模擬した作動試験が必要となる。宇宙環境を地上で完全に模擬することは不可能ではあるが，宇宙開発では大量生産ではないため，ワークマンシップによる不良が製品に内在する場合，試験にて検出することが重要である。

ロケットと宇宙機ともに，コンポーネントレベルでは打上げ時の振動環境や熱環境（高温と低温のサイクル環境を含む）への耐性の確認や電磁適合性の評価を行う。ロケットではエンジンの燃焼試験が重要な試験であり，開発時点ではタンクと組み合わせて実物と同じ規模の燃焼試験を行う。

宇宙機では，システムレベルでロケットの打上げ時の機械環境を確認するために音響振動を負荷する試験を行うとともに，宇宙における熱真空環境を模擬した環境下での機器の作動を確認する熱試験を行う。**図 8.3** に人工衛星の熱試

図 8.3　人工衛星の熱試験準備[9)]
©JAXA

験の準備状況を示す。

8.3.7 品質保証

JAXA の品質プログラム標準（JMR-005）[10]によれば，品質とは，“最終品目のミッションを達成するために満足する必要がある機能，性能，重量をはじめとした，個々の物品などに要求された評価の対象となる固有の性質，性能の全体”と定義されている。品質を保証するとは，安全・信頼性設計を含め，ミッションを達成するために必要な仕様を，製造された製品が満たす状態とすることである。したがって，宇宙機の開発においては品質が技術要求を満足することでミッションの成功につながる。

宇宙開発以外の分野では試運転を実施して機能性能の確認が行われたあとに，実際の運用に供される。すなわち，試運転の段階で設計不良などの対処を行うことが可能となる。しかし，宇宙開発では，地上で宇宙環境の完全な再現が困難なため，初めてのミッションでも，ロケットによる打上げの前に品質が保証されていることが求められる。そのため，設計と製造段階において安全性と信頼性が作り込まれていることがロケットによる打上げの前に検証されていなければならない。

また宇宙開発の場合は，現状では宇宙機自体が単体開発であり，大量生産による品質の安定は期待できないことから，単体開発を考慮した取組みを行うことになる。設計段階では，審査会により設計の確認を行ったうえで製造に移行する。また，製造工程において汎用的でない工程を取り入れる場合には，工程にリスクがないかどうかを設計審査段階で確認する。製造段階においては，検査のタイミング（mandatory inspection point : **MIP**）を設定して製造時の品質を確認する。例えば，電子機器の製造において基板の製造が完了した段階で，最終的に組み上げる前に基板の観察を行い異常の有無の確認などを行う。最終的には試験によって，設計上目指した機能性能が確保されていることを確認する。

宇宙開発では，不具合への対処が品質保証において重要なポイントとなる。ここで不具合とは JMR-005 により“1 つ以上の特性が要求と合致しない又は異常な物品の状態，故障，偏差，欠陥，不足および機能不良をふくむ”[10]とする。製造・試験の段階で不具合が発生したときは，原因を究明したうえで改修・交換などの対策を行う。単なる部品の不良の場合には単純に予備品と交換することで対処が可能となるが，不具合の原因が設計にまで遡る場合には，再設計まで必要になる場合もある。しかし，開発スケジュールやコストの制約から不具合品を修理して使用する，または使用方法の変更など継続して使用する場合がある。その場合には十分にリスク評価を行い，ミッションに影響が及ばないように対処する。

8.4 宇宙開発における安全・信頼性設計の具体例

ここでは，JAXA における，ロケット，人工衛星および有人システムにおける開発の事例を紹介する。

8.4.1 ロ　ケ　ッ　ト

わが国の基幹ロケットの一つである H-IIA ロケットは，全高 53 m 直径 4 m の 2 段式液体ロケットで，側面に固体ロケットを装着している。2020 年の段階で 43 機の打上げを行っている。H-IIA ロケットの外観を**図 8.4** に示す。

また，**図 8.5** に H-IIA ロケットの開発プロセスを示す。ロケットは大量の燃料をエンジンで燃焼して必要な推力を得るため，エンジンシステムの開発が成否を握る。そのため，ロケット開発に際してはエンジン単体の開発のあとに実機のタンクとエンジンを組み合わせた燃焼試験を行う。その後最終段階で電気系統と燃料系統を組み合わせた全体的なシステム試験を経て試験機の打上げに臨む。

H-IIA ロケットの前身の H-II ロケットにおいて第 1 段エンジン，第 2 段エンジンの事故を経験し，H-IIA ロケットの開発を行ったが，2003 年に 6 号機において，固体ロケットブースタの分離ができなかったことによる事故が発生した[11]。

原因は固体ロケットブースタのノズルの損傷により，固体ロケットブースタ

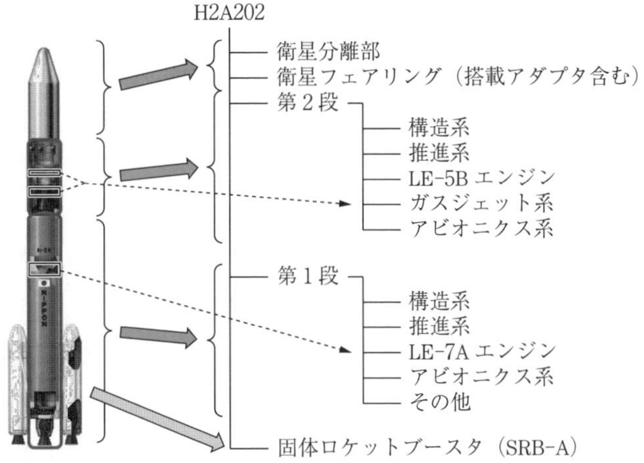

図 8.4　H-IIA ロケットの外観[1]
©JAXA

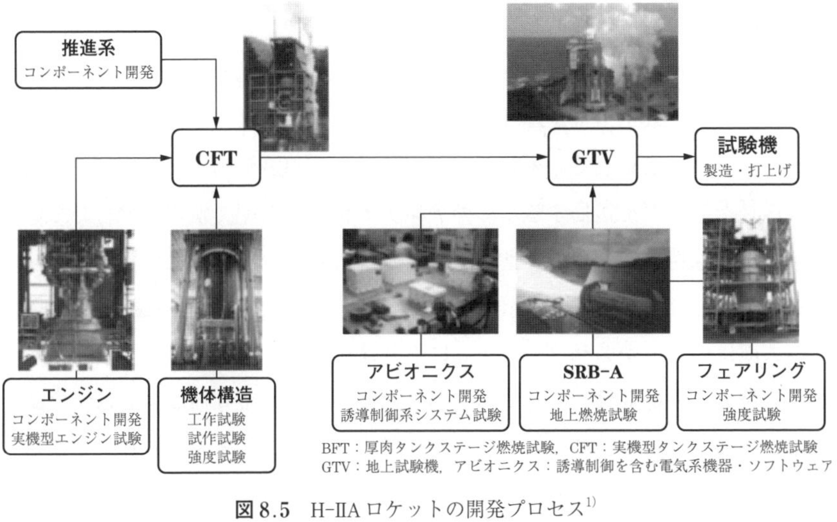

図 8.5　H-IIA ロケットの開発プロセス[1]
©JAXA

をロケット本体から分離する信号線も損傷したことにより分離できなかったものである（4 章，コラム 4 参照）。

事故の評価後対策を実施し[12]打上げを再開したのち，連続 36 回の成功を続け（2020 年時点）現在では H-IIA ロケットは世界的にも信頼性の高いロケットとの評価を得ている。

8.4.2 人　工　衛　星

〔1〕 **人工衛星の信頼性設計**　　人工衛星は今日，われわれの生活を支えるインフラとして定着している。人工衛星ではミッションによって運用される軌道が選択される。例えば，赤道上地表から高度 36 000 km の静止軌道を用いた気象衛星，通信・放送衛星がある。静止軌道とは地球の表面からは相対的に静止している軌道のことである。また，GPS や日本の“みちびき”などの測位衛星による位置情報の提供，そして地表から 1 000 km 程度の低軌道から地球全球を観測する観測衛星により災害情報の取得や地球環境に関するデータの取得を行っている。

人工衛星はバス部とミッション部に大別される。ミッション部とは衛星の通信や観測などの衛星の目的を実現するための装置のことである。バス部とは電力，通信，構造などの衛星を支える部分を指す。太陽電池から電力を得て各機器を作動させ，人工衛星が地球の陰になる場合など太陽光が得られないために備えバッテリを搭載している。そして，地球上の追跡管制局との交信や軌道上で取得したデータを送信するためのアンテナシステムや，軌道を飛行している間に姿勢を保持するための推進系システムを搭載する。バス部の構成の概略とミッション部の例を**図 8.6** に示す。また，機能ブロック図の例を**図 8.7** に示す。

バス部はいくつかのサブシステムにより構成され，おもにはアンテナ系，制御系，電力系，推進系，そして熱制御系および構造系より構成される。アンテナ系は地球上の追跡管制局との交信や軌道上で取得したデータを地上に送信するためのサブシステムである。電力系としては太陽電池から電力を得て各機器を作動させ，人工衛星に対して地球が影になる場合に備えてバッテリーを搭載している。制御系はセンサからの情報をもとに推進系のスラスタの作動または，リアクションホイールを活用して軌道を飛行している間の姿勢制御や，衛星全体の制御を行う。

人工衛星の例として静止通信衛星の軌道上での外観を**図 8.8** に示す。図に示

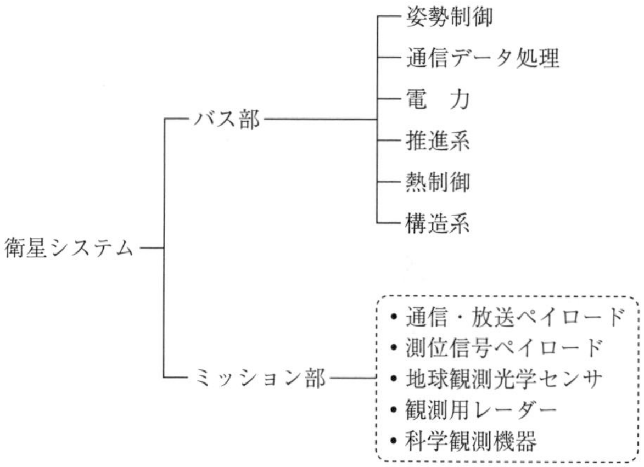

図 8.6　人工衛星のシステム構成例

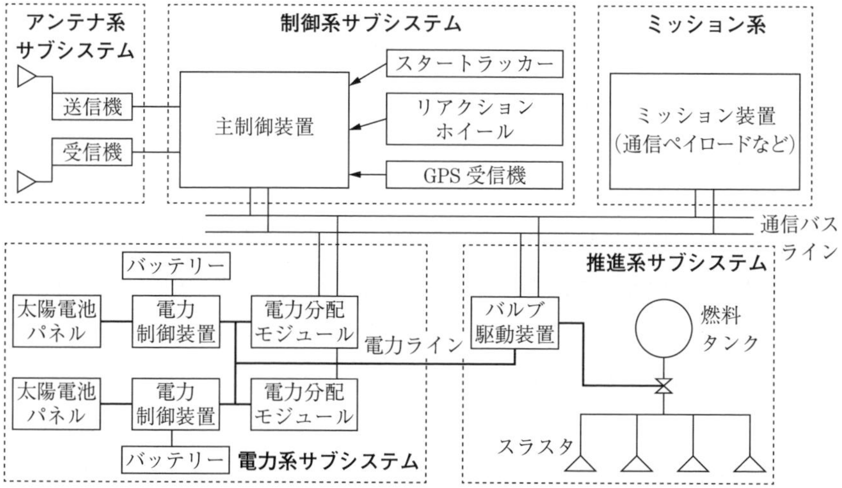

図 8.7　人工衛星システム機能ブロック図例

されるように中央の構造体の内部に各種の電気コンポーネントが搭載され，両側に太陽電池を搭載したパネルを展開する。ミッション機器は構造体に搭載される。

人工衛星はロケット打上げ時には，太陽電池やアンテナは収納しており，軌道にて展開する。構造は打上げ時と軌道上と異なる形態を考慮して設計される。軌道上では，熱真空環境を考慮した，熱制御を行う。バス部の構成は衛星による違いはなく，ミッション部を衛星の目的に応じて変更することで人工衛

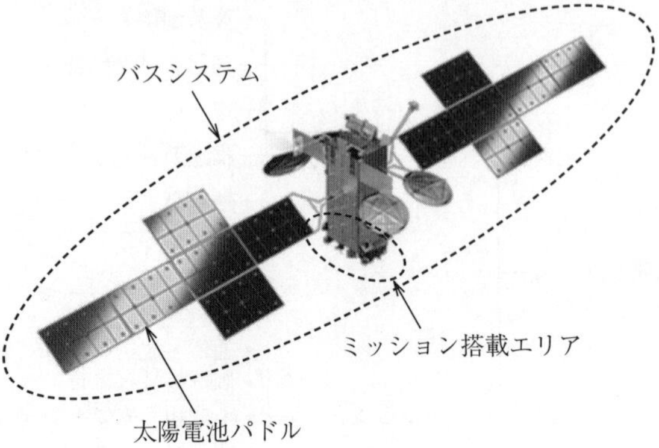

図 8.8　静止通信衛星
©JAXA

星は構築される。

人工衛星の信頼性設計はミッション期間に対して衛星全体の信頼度を設定し，サブシステムレベルに信頼度配分を行い，その配分値を満たすように設計を行う。サブシステムにおいて配分された信頼度を達成するように，構成機器に対して信頼度計算を行う。電子機器などのランダム故障が想定される機器により構成される場合にはFMEAなどを踏まえて冗長系構成を設定する。

冗長設計の形態もサブシステムによって異なる。例えば，太陽電池は2系統搭載し，両系統を常時運用するが，故障により1系統使用ができなくなっても残った系統の電力にて機能を限定して運用を継続できるようにしている。

一方，通信制御系統においては同一の機器を2系統搭載し，1系統は待機運用を行い故障時に切り替えて運用を継続している。また，同一の設計の冗長機器を搭載するのではなく，各種センサからの情報を組み合わせて衛星の姿勢を検出する手法を複数有するという方法のように機能として冗長系を有する方式もある。そのほかにはk-out-of-n冗長システムを採用するサブシステムもある。例えば姿勢変動のトルクを吸収するための装置であるリアクションホイールでは3-out-of-4として，搭載した4台のホイールのうち，いずれか一台が故障しても残りの3台にて運用を行う設計としている。

機構・構造のように冗長設計が適切でない場合には，設計余裕を確保する対応をすることで，リスクの最小化を行っている。設計余裕を評価するうえでは，ワーストケース解析やトレンド解析により，パラメータの傾向を把握することが重要である。FMECAにより単一故障点として識別された場所は，特に注意深く設計余裕を確保する必要がある。

人工衛星においては，姿勢を適切に制御することがミッションの実施に必要なだけではなく，地上との通信を確保するうえでも欠かせない。特になんらかの異常が発生した場合には，故障検知・分離機能により衛星の状態を安全な状態に保ち，地上からの管制を待機する姿勢に移行する設計が一般的である。

人工衛星においても信頼性・品質保証のために試験による検証は重要である。宇宙環境を地上で完全に再現することが困難であることから，打上げ前に地上で実現可能な試験を組み合わせて宇宙に近い環境で検証しておくかは，軌道上での確実な動作を保証するために重要である。

人工衛星のようにロケットで打上げられる宇宙機においてはロケットの機械環境への耐性を確認することと，宇宙における熱真空環境での動作を確認することが重要である。そして大規模なシステムにおいてはサブシステム間の設計検証としても性能試験は重要である。人工衛星のシステム試験フローを**図8.9**に示す。

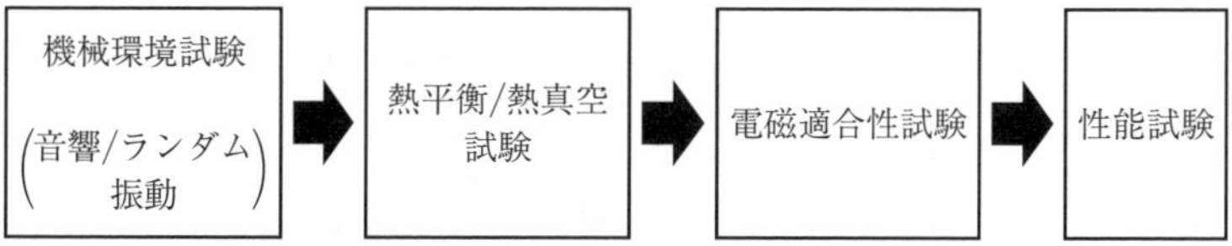

図8.9　人工衛星のシステム試験フロー

〔2〕 **人工衛星の運用異常**　宇宙環境という極限環境での運用となると未知のことも多くこれまでにも多くの異常事象を経験して現在に至っている。“みどりII”は，地球観測プラットフォーム技術衛星“みどり”（以下，みどりとする。）の後継機として，地球温暖化などのグローバルな環境変動メカニズムの把握や，気象や漁業などの実利用面への貢献を図るとともに，観測技術の開発・高度化などを目的とする地球観測衛星であった。

平成15年10月25日に衛星からの通信が途絶するという運用異常が発生した。その後，復旧を試みたものの運用を断念するに至った。調査の結果，太陽電池パドルから衛星本体に電力を送る電線の部分の異常により電力が枯渇し運用の継続が不可能となったことが判明した[13)]。

“みどりII”では搭載センサの配置の観点から一翼式太陽電池パドルを採用している。太陽電池から衛星への電力系構成は**図8.10**に示されるように冗長構成となっているものの，衛星がさらされる環境に対して設計が十分に対応できていない場合には，冗長系が機能しない共通原因故障となることを示している。

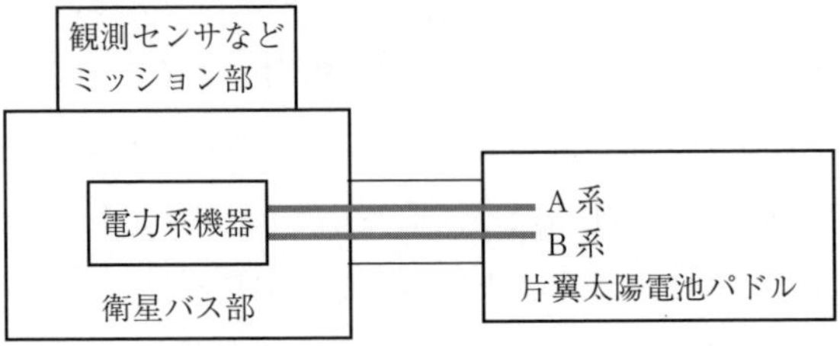

図8.10 みどりIIの電力系構成

JAXAとしては，衛星バスシステムの故障はミッションの喪失に直結するため，サバイバル性の向上に注力し，設計余裕の確保と地上試験の充実により，打上げの前に可能な限りリスクを識別し対処することを目指した。また，JAXAでは，安全・信頼性や構造，電気などの各設計要素に対して設計基準を設定して開発を実施している。それら設計基準について不足していた事項を見直すことで後続プロジェクトへの再発防止を目指すこととした。設計基準については，開発や運用において得られた知見を継続的に反映し改善している。

その後の取組みにより信頼性は向上してはいるものの，複雑な宇宙機システムにおいては，リスクの低下に向けてさらなる取組みが必要な状況であることには変わりはない。2016年2月に運用を始めたX線天文観測衛星“ひとみ”の姿勢制御系において，実際には衛星が回転していないにもかかわらず，衛星が回転していると自己判断した。衛星としては姿勢を安全な状態に保つ必要があるとして，スラスタの噴射を行ったが，その制御パラメータに誤りがあったために衛星が異常回転を起こした。結果的に損傷し運用が不可能となった[14]。“ひとみ”の場合は一つの装置の異常で運用ができなくなったのではなく，異常の連鎖によるものである。リスクのさらなる低減に向けては，設計段階におけるリスクの評価を充実させることが重要である。

8.4.3 有人システム

国際宇宙ステーション（ISS）に対し，わが国からはさまざまな実験を行うことを目的とした常設の実験設備である“きぼう”とISSに物資を輸送し，廃棄物を回収する輸送船の“こうのとり”により参加している。

有人システムにおいても信頼性の確保という面においては前項での人工衛星の考え方と同様である。加えて宇宙飛行士が常時滞在するため，システムに対して宇宙飛行士の安全性を考慮した設計とする必要がある。そのため，**ハザード解析**が重要となる。本項においては“こうのとり”を例として有人システムの設計を紹介する[15]。

“こうのとり”は無人システムであるが，宇宙飛行士が常時滞在するISSに接近・結合することと物資の搬入出のときには宇宙飛行士が乗り込むため，有人システムとしての設計が必要である。“こうのとり”の外観図を**図8.11**に示す。

“こうのとり”は直径約4m，長さ約10mの大きさであり，貨物最大搭載時全備重量16.5トンの輸送船である。ISSへの結合時に宇宙飛行士が直接入室

図8.11 ISSに接近する“こうのとり”2号機[9]
©JAXA

可能で地上と同様に貨物を扱える与圧部と，ロボットアームの操作により船外貨物の搬入・搬出が行われる非与圧部という2種類の区画を有している。“こうのとり”は種子島宇宙センターからH-IIBロケットにより打ち上げられ，ISSに到達したあとに，宇宙飛行士によりロボットアームにより把持されISSに結合される。“こうのとり”から宇宙飛行士の操作により船外と船内の物資を補給後，最後はISSの不用品を搭載して大気圏に突入し，全体を廃棄することでミッションを完了させる（図8.1）。

図8.12に“こうのとり”において識別されているハザードの一覧を示す。

1）与圧部の火災
2）与圧部の汚染
3）推薬漏洩によるISS汚染
4）バルブ，シールからの空気漏洩
5）軌道上荷重による構造破壊
6）過大内圧による構造破壊
7）推進系，電池の破裂
8）ISSへの衝突
9）隕石/デブリなどによる衝突
10）分離物のISSへの衝突
11）回転体破片およびガラスの放出
12）電気ショック
13）接触異常温度
14）シャープエッジ，突起物，挟み込み
15）騒音
16）船外活動時の退避不能
17）電磁干渉による誤作動
18）水補給システムからの水の漏洩
19）水（飲料水）の水質低下

図8.12　“こうのとり”におけるハザード一覧[15]

ISSでは，ハザードのリスクのレベルに応じて対処の共通的な指針が定められている。ISSの損失や宇宙飛行士の生命にかかわるハザードに対しては独立な故障が2重に発生してもハザードに至らないように対策を講じることが求められる。複数の冗長系統を持つ設計にすること，そこまでのリスクがなければ1重の**故障許容**という考え方をとっている。

“こうのとり”は，ロケットの分離後からISSへの接近時とISSへの係留中および，ISSから分離して地球に再突入するという三つの運用フェーズに分けることができる。

ISSに係留しているときはISSと一体となっているため，ハザード制御においても2故障許容設計としている。一方で，ISSへの接近運用においては，“こうのとり”は，1故障が発生した場合には冗長機能により，接近を継続し，2

重に故障が発生した場合にはISSへの接近を中断する運用を行う。これは2重故障への対応として故障許容とフェールセーフを組み合わせて対応する設計となっている。図8.12に示したハザードはISSと共通的に評価すべきものが多いが，“こうのとり”に特徴的なものとしては，ハザード一覧の中の8）ISSへの衝突がある。“こうのとり”は無人で飛行するが，ISSへの“こうのとり”の衝突はISSの損傷につながり，宇宙飛行士の安全に対して致命的なハザードである。“こうのとり”はロケットからの分離後，軌道傾斜角は近いもののISSとは軌道の高度と位相が異なる円軌道を飛行する。ISSは高度約400 kmの軌道を飛行しているため，“こうのとり”はISSに向けて速度ベクトルを制御しながらISSへのランデブーを行う。

“こうのとり”はあらかじめ計画された軌道を自動で飛行してISSに接近し，地上で状態を確認し問題なければ地上の指令により，運用を継続するシステムとしている。

図8.13は“こうのとり”の飛行システムの系統図を示している。“こうのとり”は自律的な飛行を基本としているため，各種センサからの情報をもとに誘導制御計算機が自身の位置を算出し，姿勢制御や計画された軌道を飛行するためにスラスタの制御を行っている。“こうのとり”の電力や通信・姿勢制御などの機能系統は**冗長化**されており，1回の故障では冗長系に切り替わることで

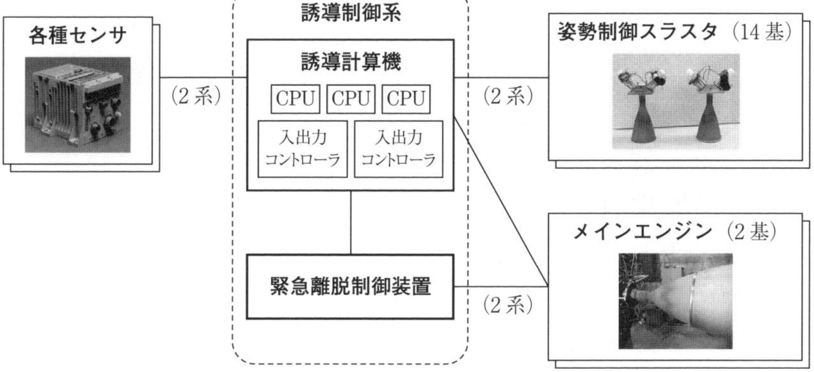

図8.13　“こうのとり”飛行システムの系統図

信頼性を確保している。さらに故障が発生した場合には誘導制御計算機とは独立な緊急離脱制御装置が作動する設計となっており，スラスタも含めた独立な系統が作動し，ISSへの接近軌道から離脱して“こうのとり”をISSには衝突しない軌道に遷移させる。衝突を回避する軌道に移動するという点では，人工衛星におけるセーフティモードへの移行と等価な考え方である。しかし，人工衛星と異なるのは，衝突を安全上重大なハザードとして識別し，独立な2重の故障モードを識別し，故障モードごとに確実にセーフティモードに移行できる対策を講じているところである。

ISSへの衝突ハザードについて，衝突を頂上事象としてFTAを行い，安全解析を実施した。**図8.14**にFTAの一部を示す。この飛行中の速度ベクトルが異常（不意に増速または減速してしまう）となると計画外の軌道に入り，ISSへの衝突というハザードが顕在化する恐れが生じる。その異常となる要因としては，電子装置の故障，または推進系統の故障，そのほかに飛行中に位置を確認するセンサのデータが異常や，地上からの指令を誤るなどのヒューマンエラーなど，さまざまな故障モードが識別された。

ISSへの衝突のような致命的なハザードに対しては2重の故障に対応するよ

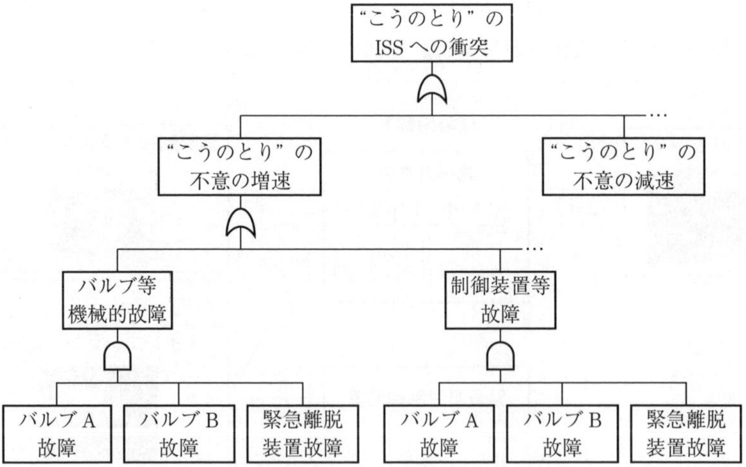

図8.14　衝突ハザードに関するFTA

うに安全化のためのハザードの制御方法を講じることが求められている。さらに，その制御方法は独立していること，すなわち単純な冗長化ではなく，例えば図 8.14 を例にすれば，装置を冗長化し，さらに故障が発生する場合にはさらなる多重化ではなく，緊急離脱装置により接近を中断するなどの手段を講じることになる。これは装置の故障が共通的な要因である場合に，同一機器の多重化ではリスクの低減にならないことを想定するからである。

対策の妥当性について設計のフェーズごとにハザード解析に対して安全審査を行い，安全を確保している。“こうのとり”は全 9 回（最終ミッションは 2020 年に実施）の運用を完了した。

“こうのとり”は単独の飛行においては，宇宙飛行士が搭乗した状態での安全設計とはなっていない。有人飛行対応の宇宙機を開発する場合には，離脱して衝突を回避するだけではなく，宇宙飛行士の安全を確保する方策まで設定する必要がある。ISS では国際共通の基準として 2 重の故障が生じた場合でも宇宙飛行士の安全を確保することになっている。そのため，2 重に故障が発生した場合に，“こうのとり”のようにフェールセーフとするのではなく，故障許容として，独立に 2 重故障が発生しても運用を継続して，宇宙飛行士の安全を確保する設計を行うことになる。

8.5　今後の信頼性向上の取組み

宇宙開発は，国が主体となって行う段階から，民間企業の活動へと移行する段階にある。その活動が拡大していくためには，安全・信頼性について一定の水準を保ちつつ，コストを削減していくかが重要であり，そのための継続的な技術開発が望まれる。

一方で，宇宙開発の領域は ISS 以遠の月などの有人探査や，深宇宙領域へと拡大している。そのため，安全・信頼性についてもより高度な技術が求められるため，研究開発の進化が望まれている。

引用・参考文献

★全章

JIS Z 8115：2019「ディペンタビリティ（総合信頼性）用語」日本規格協会

★1章

1) 文部科学省：令和2年版 科学技術白書—科学技術が広げる未来社会の可能性と選択肢—
2) 真壁肇（編）：新版信頼性工学入門，日本規格協会（2010）
3) 真壁肇，鈴木和幸，益田昭彦：品質保証のための信頼性入門，日科技連出版社（2002）
4) 栗原謙三：情報システム化時代の信頼性工学テキスト，日本理工出版会（2000）

★2章

1) 真壁肇（編）：新版信頼性工学入門，日本規格協会（2010）
2) 市田嵩，鈴木和幸：信頼性の分布と統計，日科技連出版社（1984）
3) S.M.Ross：Introduction to Probability Models (Eighth Edition), Academic Press (2003)
4) 吉田伸生：確率の基礎から統計へ，遊星社（2012）
5) P.G. ホーエル（著），浅井晃，村上正康（訳）：入門数理統計学，培風館（1978）
6) 信頼性技術叢書編集委員会（監修），鈴木和幸（編著），益田昭彦，石田勉，横川慎二（著）：信頼性データ解析，日科技連出版社（2009）
7) 真壁肇，鈴木和幸，益田明彦：品質保証のための信頼性入門，日科技連出版社（2002）
8) 市川昌弘：信頼性工学（第5版），裳華房（2019）

★3章

1) 真壁肇（編）：新版信頼性工学入門，日本規格協会（2010）
2) 市田嵩，鈴木和幸：信頼性の分布と統計，日科技連出版社（1984）

3) 信頼性技術叢書編集委員会（監修），鈴木和幸（編著），益田昭彦，石田勉，横川慎二（著）：信頼性データ解析，日科技連出版社（2009）
4) 真壁肇，宮村鐵夫，鈴木和幸：信頼性モデルの統計解析，共立出版（1989）
5) 信頼性技術叢書編集委員会（監修），鈴木和幸（編著），CARE 研究会（著）：信頼性7つ道具 R7，日科技連出版社（2008）
6) 真壁肇，鈴木和幸，益田明彦：品質保証のための信頼性入門，日科技連出版社（2002）

★4章

1) 田中健次：技術者がはじめて学ぶ入門信頼性，日科技連出版社（2008）
2) 市川昌弘：信頼性工学（第5版），裳華房（2019）
3) 真壁肇（編）：新版信頼性工学入門，日本規格協会（2010）
4) 室津義定，米澤政昭，邵暁文：システム信頼性工学，共立出版（2014）
5) 伊庭斉志：システム工学の基礎―システムのモデル化と制御―，数理工学社（2007）
6) 福島原発事故独立検証委員会：福島原発事故独立検証委員会調査・検証報告書，ディスカヴァー・トゥエンティワン（2012）
7) 東京電力福島原子力発電所事故調査委員会報告書（国会事故調）（2012）
8) 信頼性技術叢書編集委員会（監修），宇宙航空研究開発機構「宇宙システムの安全・ミッション保証」編集委員会（著）：宇宙システムの安全・ミッション保証―システム構築への宇宙開発からのメッセージ―，日科技連出版社（2016）
9) 宇宙開発委員会：H-IIA ロケット6号機打上げ失敗の原因究明及び今後の対策について（平成16年6月9日）
10) 宇宙航空研究開発機構：H-IIA ロケット6号機／情報収集衛星2号機の打上げ失敗について，総合科学技術会議　第16回宇宙開発利用専門調査会資料（平成15年12月12日）

★5章

1) 真壁肇（編）：新版信頼性工学入門，日本規格協会（2010）
2) 田中健次：技術者がはじめて学ぶ入門信頼性，日科技連出版社（2008）
3) 信頼性技術叢書編集委員会（監修），藤本良一，堀籠教夫（著）：保全性技術，日科技連出版社（2010）
4) 福井泰好：信頼性工学（第2版），森北出版（2016）
5) 室津義定，米澤政昭，邵暁文：システム信頼性工学，共立出版（2014）

6)　三根久，河合一：信頼性・保全性の基礎数理，日科技連出版社（1984）

《以下は理論を深く勉強したい人向け》

7)　H. Wang：A survey of maintenance policies of deteriorating systems, European Journal of Operational Research, Vol.139, pp.469-489（2002）（おもに1990年代までの保全モデルの論文の紹介）

8)　B. de Jonge and P. Scarf：A review on maintenance optimization, European Journal of Operational Research, Vol.285, pp.805-824（2020）（おもに2001年以後の保全モデルの論文の紹介）

★6章

1)　JIS C 5750-4-3：2011「ディペンダビリティ　マネジメント―第4.3部：システム信頼性のための解析技法―故障モード・影響解析（FMEA）の手順」

2)　鈴木和幸，田部信雄：トラブル予測と未然防止，日科技連BCテキスト，19章（2010）

3)　Failure Mode Effects and Criticality Analysis(FMECA)，Reliability Analysis Center（1993）

4)　田中健次：技術者がはじめて学ぶ入門信頼性，日科技連出版（2011）

5)　真壁肇，鈴木和幸，益田昭彦：品質保証のための信頼性入門，日科技連出版（2002）

6)　福井泰好：入門信頼性工学（第2版），森北出版（2016）

7)　信頼性技術叢書編集委員会（監修），益田昭彦，青木茂弘，幸田武久，高橋正弘，中村雅文，和田浩（著）：新FTA技法，日科技連出版社（2013）

8)　日本経済新聞電子版（2018年6月22日）
「車の研究開発費，最高の3兆円に　トヨタなど国内7社」
https://www.nikkei.com/article/DGXMZO32093150R20C18A6TJ1000/

★7章

1)　小木和孝，藤野昭宏，加地浩（訳）：労働における安全と健康―英国の産業①安全保健制度改革―，労働科学研究所出版部（1997）

2)　ISO/IEC Guide51　「Safety aspects ― Guidelines for their inclusion in standards」（2014）

3)　JIS Z 8051：2010「安全側面　規格への導入指針」日本規格協会

4)　MIL-STD-882E　System Safety Standards, The Department of Defense (DoD)（2012.5.11）

5）柚原直弘，氏田博士：システム安全学―文理融合の新たな専門知―，海文堂（2015）
6）日本機械学会（編），門脇敏，福田隆文，橋本秀一，大賀公二，深津敦（著）：安全工学最前線―システム安全の考え方―，共立出版（2011）
7）信頼性技術叢書編集委員会（監修），門田靖（著）：信頼性と安全性，日科技連出版社（2012）
8）清水久二，福田隆文：機械安全工学―基礎理論と国際規格―，養賢堂（2011）
9）ISO 12100：2010「Safety of machinery — General principles for design — Risk assessment and risk reduction」
10）JIS B 9700：2013「機械類の安全性―設計のための一般原則―リスクアセスメント及びリスク低減」日本規格協会
11）安全工学会（監修），新井充，佐藤吉信，高木伸夫，野口和彦，若倉正英（編）：プロセス安全の基礎，化学工業日報社（2012）
12）J. X.wang and M. L.Routh，日本技術士会（訳）：リスク分析工学―FTA，FMEA，PERT，田口メソッドの活用法―，丸善（2005）
13）M. G. Stewart and R. E. Melchers（著）酒井信介（監訳）：技術分野におけるリスクアセスメント，森北出版（2003）
14）熊本博光：モダン信頼性工学，コロナ社（2005）
15）Harold E .Roland and Brian Moriarty：System Safety Engineering and Management，WILEY Inc.（1996）
16）向殿政男（監修），安全技術応用研究会（編），国際化時代の機械システム安全技術，日刊工業新聞社（2004）
17）向殿政男：よくわかるリスクアセスメント―グローバルスタンダードの安全を構築する―，中央労働災害防止協会（2017）
18）IEC 61508：2010「Functional safety of electrical/electronic/programmable electronic safety-related systems」
19）JIS C 0508-1：2012「電気・電子・プログラマブル電子安全関連系の機能安全―第 1 部：一般要求事項」日本規格協会
20）ISO 13849-1：2006「Safety of machinery－Safety-related parts of control systems」
21）JIS B 9705-1：2019「機械類の安全性―制御システムの安全関連部」日本規格協会

★8章

1）JAXA 宇宙システム安全ミッション保証編集委員会：宇宙システムの安全ミッション保証，日本科学技術連盟（2016）
2）宇宙開発事業団（監修），小林繁夫：宇宙工学概論，丸善（2001）
3）茂原正道：宇宙システム概論—衛星の設計と開発—，培風館（1995）
4）BDB-06007B「システムズエンジニアリングの基本的な考え方」JAXA チーフエンジニアオフィス（2007）
5）JAXA 共通技術文書　http://sma.jaxa.jp/TechDoc/
6）JMR-004「信頼性プログラム標準」JAXA（2012）
7）JREG-0-049「ソフトウェア開発標準」JAXA（2018）
8）JMR-012「電気，電子，電気機構（EEE）部品プログラム標準」JAXA（2014）
9）JAXA デジタルアーカイブス　http://jda.jaxa.jp/index.php
10）JMR-005「品質保証　プログラム標準」JAXA（2018）
11）宇宙開発委員会調査部会：H－2A ロケット 6 号機打上げ失敗の原因究明及び今後の対策について①（2004.5.28）
12）宇宙開発委員会：H-IIA ロケット再点検専門委員会報告書（2004.9.1）
13）宇宙開発委員会：環境観測技術衛星（ADEOS-II）「みどり II」の運用異常に係る原因究明及び今後の対策について（2004.7.28）
14）科学技術・学術審議会研究計画・評価分科会宇宙開発利用部会：X 線天文衛星「ひとみ」の異常事象に関する小委員会報告書（2016.6.14）
15）日本機械学会（編）門脇敏，福田隆文，橋本秀一，大賀公二，深津敦（著）：安全工学最前線—システム安全の考え方—，共立出版（2011）

章末問題解答

★1章

【1.1】 例えば，中央線の列車運行が，信号切替え不具合などで正常に機能しないことがある。そのため，会社や学校に遅れるなどの弊害が発生した。

【1.2】 例えば，電気・電子分野だと，古くは，論理素子が，真空管，トランジスター，IC，LSI へと発展することに伴う故障率の減少がある。

【1.3】 例えば，コマツの KOMTRAX（コムトラックス）による建設機械の遠隔状態監視また TOYOTA Connected（および，その生い立ちとなる G-Book サービス）など。

★2章

【2.1】 この問題の標本空間は

$$S=\{1, 2, 3, 4, 5, 6\}$$

で表される。確率の公理の条件 2 より

$$P(S)=1$$

であり，それぞれの事象が等しく表れることから

$$P(1)=P(2)=P(3)=P(4)=P(5)=P(6)=\frac{1}{6}$$

と求められる。

【2.2】 ゲームを始めて n 回目に初めてコインが表になるということは，言い換えれば $n-1$ 回目までコインは表が出ず，裏が出続けるということである。裏が出る確率は確率の公理より 1 から表が出る確率 p を引けば求められるので

$$\begin{aligned}P(N=n)&=P\{(T, T, T, \cdots, T, H)\}\\&=(1-p)^{n-1}p\end{aligned}$$

と求められる。ただし $n\geqq 1$ である。

【2.3】 ちょうど k 回目に初めて表が出る確率 $p(k)$ は

$$\begin{aligned}p(k)&=P(X=k)\\&=\left(1-\frac{1}{2}\right)^{k-1}\frac{1}{2}\end{aligned}$$

$$=\left(\frac{1}{2}\right)^{k}$$

初めて成功するまでに掛かる回数が k 回以上となる確率 $P(X \geqq k)$ は，言い換えれば $k-1$ 回目まで試行結果が失敗し続けることを意味するため

$$P(X \geqq k)=(1-p)^{k-1}$$
$$=\left(\frac{1}{2}\right)^{k-1}$$

で表される。

【2.4】 $\displaystyle\lim_{n\to\infty}\binom{n}{k}p^{k}(1-p)^{n-k}$

$$=\lim_{n\to\infty}\frac{n!}{k!(n-k)!}\left(\frac{\lambda}{n}\right)^{k}\left(1-\frac{\lambda}{n}\right)^{n-k}$$

$$=\lim_{n\to\infty}\left[\frac{n(n-1)(n-2)\cdots(n-k+1)}{k!}\left(\frac{\lambda}{n}\right)^{k}\left(1-\frac{\lambda}{n}\right)^{n-k}\right]$$

$$=\lim_{n\to\infty}\left[\frac{n(n-1)(n-2)\cdots(n-k+1)}{n^{k}k!}n^{k}\frac{\lambda^{k}}{n^{k}}\left(1-\frac{\lambda}{n}\right)^{n}\left(1-\frac{\lambda}{n}\right)^{-k}\right]$$

$$=\lim_{n\to\infty}\left[\frac{n(n-1)(n-2)\cdots(n-k+1)}{n^{k}}\frac{\lambda^{k}}{k!}\left(1-\frac{\lambda}{n}\right)^{n}\left(1-\frac{\lambda}{n}\right)^{-k}\right]$$

ここで

$$\lim_{n\to\infty}\frac{n(n-1)(n-2)\cdots(n-k+1)}{n^{k}}=1$$

$$\lim_{n\to\infty}\left(1-\frac{\lambda}{n}\right)^{-k}=1$$

および

$$\lim_{n\to\infty}\left(1+\frac{\lambda}{n}\right)^{n}=e^{\lambda}$$

であることから，代入すると

$$\lim_{n\to\infty}\binom{n}{k}p^{k}(1-\mathrm{p})^{n-k}=\lim_{n\to\infty}\frac{n!}{k!(n-k)!}\left(\frac{\lambda}{n}\right)^{k}\left(1-\frac{\lambda}{n}\right)^{n}\left(1-\frac{\lambda}{n}\right)^{-k}$$

$$=\lim_{n\to\infty}\frac{\lambda^{k}}{k!}\frac{n!}{(n-k)!n^{k}}\left(1-\frac{\lambda}{n}\right)^{n}\left(1-\frac{\lambda}{n}\right)^{-k}$$

$$=e^{-\lambda}\frac{\lambda^{k}}{k!}$$

が導かれる。

★3章

【3.1】 データ数が100個なので階級数 $m=\sqrt{100}=10$ で考える。データの最小値が46，最大値が63なので階級幅は

$$(\text{最大値}\,(63)-\text{最小値}\,(46))\div 10=\frac{17}{10}=1.7$$

となり，

$$\lfloor 1.7 \rfloor = 2$$

と求められる。階級の開始値は

$$46-\frac{1}{2}=45.5$$

と求められ，階級の区間を求める。つぎに各階級の度数を数えると，度数分布表は**解表3.1**のように作成できる。

この度数からヒストグラムを作成すると，**解図3.1**のようになる。

解表3.1　度数分布表

区　間	中央値 (x)	度数マーク	度数 (f)
45.5〜47.5	46.5	/	1
47.5〜49.5	48.5	//	2
49.5〜51.5	50.5	卌 //	7
51.5〜53.5	52.5	卌 卌 卌 卌 /	21
53.5〜55.5	54.5	卌 卌 卌 卌 卌 ////	29
55.5〜57.5	56.5	卌 卌 卌 卌 ////	24
57.5〜59.5	58.5	卌 卌 ///	13
59.5〜61.5	60.5	/	1
61.5〜63.5	62.5	//	2
63.5〜65.5	64.5		0
		合　計	100

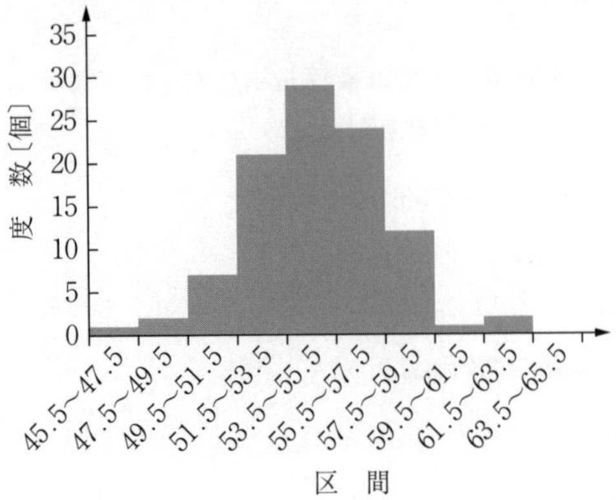

解図 3.1　ヒストグラム

【3.2】

$$\widehat{\mathrm{MTTF}} = \frac{\sum_{i=0}^{8} \hat{t}_i \cdot C(t_i, t_{i+1})}{\sum_{i=0}^{8} C(t_i, t_{i+1})}$$

$$= \frac{0.5\times 2 + 1.5\times 5 + \cdots + 7.5\times 1}{2 + 5 + \cdots + 1}$$

$$= \frac{253.5}{65} = 3.9(\times 10^3\mathrm{h})$$

と求められる。つぎに時間 $T=3$ とおいた信頼度は

$$\hat{R}(T) = \frac{\sum_{i=3}^{8} C(t_i, t_{i+1})}{\sum_{i=0}^{8} C(t_i, t_{i+1})} = \frac{46}{65} \fallingdotseq 0.708$$

となる。

【3.3】

① 尤度関数を定める

コイントスは事象として表か裏の結果のみ生起するので，二項分布を仮定することで，次式の尤度関数を考える。

$$L(p) = \binom{100}{60} p^{60}(1-p)^{100-60}$$

② 尤度関数 $L(p)$ を最大にするパラメータ p を求める

ここで p に関して尤度 L を最大にする代わりに $\ln L$ を最大にする式を考える。

$$\ln L(p) = \ln\binom{100}{60} + 60\ln p + 40\ln(1-p)$$

これを p で微分して 0 に等しいとすると

$$\frac{d}{dp}\ln L(p) = \frac{60}{p} - \frac{40}{(1-p)} = 0$$

これより p の推定値 $\hat{p}=0.6$ が得られる。

【3.4】 **解表 3.2** のように求められる[3)]。

解表 3.2 不信頼度 $F(t)$ の推定値

i	t_i	経験分布	メジアンランク法	平均ランク法
1	5.0	0.1	0.067	0.091
2	6.3	0.2	0.163	0.182
3	7.4	0.3	0.260	0.273
4	9.7	0.4	0.356	0.364
5	9.9	0.5	0.452	0.455
6	10.0	0.6	0.548	0.545
7	11.6	0.7	0.644	0.636
8	12.5	0.8	0.740	0.727
9	13.8	0.9	0.837	0.818
10	18.2	1.0	0.933	0.909

【3.5】 式 (3.13) を用いてより以下のように求められる[3)]。

$$\hat{F}(24) = \frac{0}{30} = 0.000$$

$$\hat{F}(48) = \frac{2}{30} = 0.067$$

$$\hat{F}(168) = \frac{5}{30} = 0.167$$

$$\hat{F}(250) = \frac{12}{30} = 0.400$$

$$\hat{F}(500) = \frac{22}{30} = 0.733$$

$$\hat{F}(750) = \frac{27}{30} = 0.900$$

$$\hat{F}(1\,000) = \frac{29}{30} = 0.967$$

$$\hat{F}(2\,000)=\frac{30}{30}=1.00$$

★4章

【4.1】 故障時間は指数分布に従うことから，$\lambda=1/2\,000$〔1/時間〕である。各要素の50時間後の信頼度は

$$R_i(50)=\exp\left(-\int_0^{50}\frac{1}{2\,000}\,dt\right)=0.97531$$

したがって直列システムの信頼度は，式(4.2)より

$$R_{s,\,n}(50)=\prod_{i=1}^{10}\exp\left(-\int_0^{50}\frac{1}{2\,000}\,dt\right)=0.97531^{10}=0.7788$$

【4.2】

（a） $\{1-(1-0.95)(1-0.94)\}\times 0.98=(1-0.05\times 0.06)\times 0.98=0.977$

（b） $1-(1-0.95)(1-0.94\times 0.98)=1-0.05\times 0.0788=0.996$

（c） 例題4.6のように，3要素ともに機能している場合と，2要素のみが機能している場合に分け，それぞれの信頼度を加えればよい。ただし，2要素が機能する組合せは3通り（${}_3C_2$）あり，[0.98, 0.95]の2要素，[0.95, 0.94]の2要素，[0.98, 0.94]の2要素が機能している場合を個別に求めなければならない。

$$\begin{aligned}R&=0.98\times 0.95\times 0.94+0.98\times 0.95\times(1-0.94)\\&\quad+(1-0.98)\times 0.95\times 0.94+0.98\times(1-0.95)\times 0.94\\&\fallingdotseq 0.875+0.056+0.018+0.046\\&=0.995\end{aligned}$$

【4.3】 中央部の並列システム部分の信頼度 R_7 は

$$R_7=1-(1-0.90)(1-0.90)=0.99$$

したがって，システム全体の信頼度は

$$\begin{aligned}R&=R_7\{1-(1-0.9)(1-0.9)\}\{1-(1-0.9)(1-0.9)\}\\&\quad+(1-R_7)\{1-(1-0.9\times 0.9)(1-0.9\times 0.9)\}\\&=0.99\{1-(1-0.9)(1-0.9)\}\{1-(1-0.9)(1-0.9)\}\\&\quad+(1-0.99)\{1-(1-0.9\times 0.9)(1-0.9\times 0.9)\}\\&=0.979938\end{aligned}$$

【4.4】 n 個の要素で構成された並列システムの信頼度は，式(4.5)から得られ，$1-(1-0.85)^n\geqq 0.999$ を満たせばよい。$0.001\geqq(0.15)^n$ として，n が整数であることを考慮すれば

$n=3$ では

$$0.001<(0.15)^3=0.0034$$

$n=4$ では

$$0.001>(0.15)^4=0.0005$$

であるから，少なくとも 4 個の構成要素が必要ということになる。

【4.5】

（1） 故障率 λ は MTBF の逆数であるから

$$\lambda_C=\frac{1}{\mathrm{MTBF}_C}=\frac{1}{8\,000}=0.000125 \text{〔1/時間〕}$$

（2） システム故障率 λ_S は各装置の故障率の和であるから

$$\lambda_S=\lambda_P+\lambda_I+\lambda_C+\lambda_D=\frac{1}{7\,000}+\frac{1}{5\,000}+\frac{1}{8\,000}+\frac{1}{10\,000}$$
$$=0.000143+0.0002+0.000125+0.0001$$
$$=0.000568 \text{〔1/時間〕}$$

（3） システム MTBF_S はシステム故障率 λ_S の逆数であるから

$$\mathrm{MTBF}_S=\frac{1}{\lambda_S}=\frac{1}{0.000568}=1\,760.56 \text{ 時間}$$

【4.6】 各要素の信頼度は

$$R_e(10)=\exp\left[-\int_0^{10}0.005\,dt\right]=0.9512$$

この 4 発エンジンは，2 out of 4 システムと考えられるので

$$R_{\text{2-out-of-4}}(10)=\sum_{i=2}^{4}{}_4C_2(0.9512)^i(1-0.9512)^{(4-i)}$$
$$=6\times(0.9512)^2(1-0.9512)^2+4\times(0.9512)^3(1-0.9512)+0.9512^4$$
$$=0.9996$$

★5 章

【5.1】

（1） 式 (5.7) に $N=3$ を代入すると

$$A=\frac{1+3\rho+6\rho^2}{1+3\rho+6\rho^2+6\rho^3}$$

が得られる。そして，$\rho=1/4$ を代入すると

$$A=0.958$$

となる。

（2） 式 (5.8) に $N=3$ と $k=2$ を代入すると

$$A=\frac{1+3\rho+3\rho^2}{1+3\rho+3\rho^2+\dfrac{3}{2}\rho^3}$$

が得られる。そして，$\rho=1/4$ を代入すると

$$A=0.988$$

となる。

（3） 式 (5.8) に $N=3$ と $k=3$ を代入すると

$$A=\frac{1+3\rho+3\rho^2}{1+3\rho+3\rho^2+\rho^3}$$

が得られる。そして，$\rho=1/4$ を代入すると

$$A=0.992$$

となる。

【5.2】 本ケースでも，図 5.8 の状態遷移図は使用できるので，定常確率は式 (5.6) となる。k 個未満の部品が故障していれば，k-out-of-N：F システムが稼働しているので

$$A=\frac{\displaystyle\sum_{i=0}^{k-1} i!\rho^i}{\displaystyle\sum_{i=0}^{N}\frac{N!}{(N-i)!}\rho^i}$$

となる。

【5.3】 同様に，この場合でも，図 5.8 の状態遷移図は使用できるので，定常確率は式 (5.6) となる。k-out-of-N：G システムが稼働するためには，k 個以上の部品が稼働，すなわち，n-k 個以下の部品が故障していればよいので

$$A=\frac{\displaystyle\sum_{i=0}^{n-k} i!\rho^i}{\displaystyle\sum_{i=0}^{N}\frac{N!}{(N-i)!}\rho^i}$$

となる。

【5.4】 単位時間あたりのコスト $C(T)$ を微分すると

$$\frac{dC(T)}{dT}=\frac{-(C_f-C_p)\dfrac{dR(T)}{dT}\displaystyle\int_0^T R(t)dt-(C_f-(C_f-C_p)R(T))R(T)}{\left(\displaystyle\int_0^T R(t)dt\right)^2}$$

となる。$C(T)$ を最小にする T は

$$\frac{dC(T)}{dT}=0$$

を満足することおよび

$$\lambda(T)=\frac{f(T)}{R(T)}=\frac{-\dfrac{dR(T)}{dT}}{R(T)}$$

であることに注意すると式(5.9)が成立する。

【5.5】 $C_f \leqq C_p$ のときは，予防保全をすればするほどコストが掛かることになる。よって，予防保全はしない，すなわち，T^* は無限大となる。

★6章

【6.1】 ① 設計の弱点を除去する

【6.2】 ① FTA　② 論理記号　③ 事象記号

【6.3】 デザインレビュー DR とは“信頼性性能，保全性性能，保全支援能力要求，合目的性，可能な改良点の識別などの諸事項に影響する可能性がある要求事項および設計中の不具合を検出・修正する目的で行われる，現存又は提案された設計に対する公式，かつ，独立の審査”と定義される。

【6.4】 左下の 0.10 と 0.10 の OR ゲート接続による発生確率は

$$1-(1-0.10)\times(1-0.10)=0.19$$

となる。その右の 0.20 と 0.20 の AND ゲート接続による発生確率は

$$0.20\times0.20=0.04$$

よって，下から 2 段目となる 0.19 と 0.04 の OR ゲート接続による発生確率は

$$1-(1-0.19)\times(1-0.04)=0.2224$$

となる。下から 3 段目の 0.2224 と 0.2 の AND ゲート接続がトップ事象 A の発生確率となり

$$0.2224\times0.20=0.04448$$

である。

★7章

【7.1】 最終の製品の製造に入る前の安全審査では，ハザードの制御方法について安全性が確保される手段（使用方法または運用方法を含む）が整っていることが確認されていること。また，その手段のとおりに設計または製品が製造されているかを確認する方法が定まっていることを審査する。

【7.2】 アセスメントの対象をよく理解したあとに，ハザードを識別し，リスクの見積りと評価を行い，リスクが受け入れ可能となるまで低減方策を講じる。
アセスメントの対象の理解には予見可能な誤使用まで含むことが重要である。

【7.3】 **解図 7.1** に事象の木解析を示す。

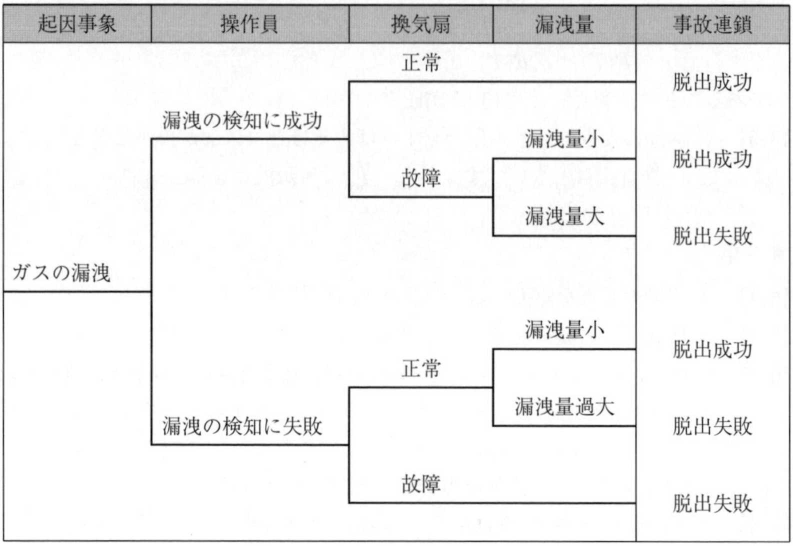

解図 7.1　木解析

【7.4】 推進剤のタンク破裂ハザードの要因としてはタンク強度不足，過充填/加熱による内圧上昇などが識別される。その制御方法としては十分な耐圧設計，タンクの製造不良の排除，過充填の防止，適切な温度管理などがある。

索　　引

―― 編著者・著者略歴 ――

山本　久志（やまもと　ひさし）
1981 年　東京工業大学工学部経営工学科卒業
1983 年　東京工業大学大学院工学研究科修士課程修了（経営工学専攻）
1983 年　東京芝浦電気株式会社勤務
1990 年　西東京科学大学講師
1996 年　博士（工学）（東京工業大学）
1998 年　東京都立科学技術大学助教授
2011 年　首都大学東京（現 東京都立大学）教授，現在に至る

秋葉　知昭（あきば　ともあき）
1995 年　西東京科学大学理工学部経営工学科卒業
1997 年　帝京科学大学大学院理工学研究科修士課程修了（経営情報システム専攻）
2004 年　東京都立科学技術大学大学院工学研究科博士後期課程修了（インテリジェントシステム専攻）
博士（工学）
1997 年　山形県立産業技術短期大学校講師
2011 年　山形県立産業技術短期大学校准教授
2012 年　千葉工業大学准教授
2015 年　千葉工業大学教授，現在に至る

竹ヶ原春貴（たけがはら　はるき）
1979 年　東京大学工学部航空学科卒業
1985 年　東京大学大学院工学系研究科博士課程修了（航空学専門課程）
工学博士
1985 年　三菱電機株式会社勤務
1990 年　湘南工科大学講師
1992 年　東京都立科学技術大学講師
1994 年　東京都立科学技術大学助教授
1999 年　東京都立科学技術大学教授
2005 年　首都大学東京教授
2020 年　首都大学東京名誉教授
2020 年　東京都立大学客員教授，非常勤講師，現在に至る

深津　　敦（ふかつ　つとむ）
1987 年　東北大学工学部材料加工学科卒業
1989 年　東北大学大学院工学研究科修士課程修了（金属工学専攻）
1989 年　宇宙揮発事業団（現 宇宙航空研究開発機構）勤務，現在に至る
国際宇宙ステーション「きぼう」日本実験棟の開発，有人システムの安全・信頼性評価業務，および宇宙ステーション補給機「こうのとり」の開発を担当したのち，現職，第一宇宙技術部門 技術試験衛星 9 号機プロジェクトチームプロジェクトマネージャを務める。

古井　光明（ふるい　みつあき）
1988 年　長岡技術科学大学工学部創造設計工学課程卒業
1990 年　長岡技術科学大学大学院修士課程修了（創造設計工学専攻）
1993 年　長岡技術科学大学大学院博士課程修了（材料工学専攻）
博士（工学）
1994 年　豊橋技術科学大学助手
2006 年　富山大学助教授
2014 年　東京工科大学教授，現在に至る

確率・統計から始める　エンジニアのための信頼性工学
── 身近な故障から宇宙開発まで ──
Reliability Engineering for Engineers Starting with Probability and Statistics
— From Familiar Failures to Space Development —

2021 年 7 月 28 日　初版第 1 刷発行　★

検印省略

編 著 者	山本久志
著　　者	秋葉知昭
	竹ヶ原春貴
	深津敦
	古井光明
発 行 者	株式会社　コロナ社
	代表者　牛来真也
印 刷 所	新日本印刷株式会社
製 本 所	有限会社　愛千製本所

112-0011　東京都文京区千石 4-46-10
発 行 所　株式会社　**コ ロ ナ 社**
CORONA PUBLISHING CO., LTD.
Tokyo Japan
振替 00140-8-14844・電話(03)3941-3131(代)
ホームページ　https://www.coronasha.co.jp

ISBN 978-4-339-02920-8　C3050　Printed in Japan　(松岡)